月世界大全

MANY MOONS

太古の神話から現代の宇宙科学まで

ダイアナ・ブルートン 著
鏡リュウジ 訳

青土社

月世界大全　目次

第2部　月を越えて

第3部　月の科学

PICTURE ACKNOWLEDGEMENTS

© Ancient Art and architecture
86, 90, 91, 94, 95, 103, 142, 164, 229

© Pictor International
20, 21, 40, 44, 45, 64, 65, 68, 82, 83, 134, 139, 178, 179, 210, 211, 218, 260, 261, 273, 318, 319, 332, 387, 391

© Radio Times Hulton Picture Library
364

© Science Photo Library
31, 215, 237, 297, 319, 342, 370, 371

月世界大全

太古の神話から現代の宇宙科学まで

1
MUTUS LIBER, IN QUO TAMEN
tota Philosophia hermetica, figuris hieroglyphicis
depingitur, ter optimo maximo Deo misericordi
consecratus, solisque filiis artis dedicatus,
authore cuius nomen est Altus.
21. 11. 82. Neg:
93. 82. 72. Neg:
82. 81. 33. Tued.

はじめに

ことに最近では、我々の月への希求と月への讃美との間に奇妙なアンバランスがある。この死んだように見える世界は地上の我々の日々の気分を反映しているようで、我々がふつう想像する以上に月は生き生きしたものである。我々は月に、科学的な観点、魔術的な観点双方から関心を持っている。月は人類の過去と現在、そして未来までも映し出している。

いつの時代も、月は我々地上にいるものの神秘への魅惑、恐怖と魔法を反映してきた。月は人類に非常に近しく、ほとんど骨の髄まで染みわたっていて、月の周期と位置の変化は無意識のうちに我々に影響を及ぼす。今世紀になって科学は月の上で観察できるものに大いに興味を示し、その表面の一部を持ち帰ることになった。このことは科学者のみならず、神秘家たちも満足させた。月の存在に対する科学的な理解は、今世紀における月の狂気の一つの現れであったとさえ言えるのではないだろうか。どの時代にも我々を取り巻く世界への独自の見方があるものだ。科学は二〇世紀の方法である。科学と宗教は、一見すると矛盾するものに見えるかもしれない。しかし、おそらくそれは同じものの二つの側面なのだろう。

このあとから始まるページには、いわゆる「二元論的矛盾」が含まれることになる。しかし、いつか一致するようになるであろう矛盾である。我々に最も近い天体を視覚的に、あるいは文字の上であらゆる角度から鑑賞してゆくうちに、おそらく読者はいかに月が生き生きとしていて、どれほど我々が、月を自分たちの惑星の映し鏡として必要としているかを知るようになるだろう。

序文　ジェイムズ・アーウィン大佐

一九七一年の夏、我々は三日間を月の上空で、さらに三日間を月面で暮らした。我々の探査の基地は、ハドレイ基地と名付けられていた。この名は海図のつくられていない海を航海することを可能にした六分儀の開発者である天文学者にちなんだものだ。私はアポロ15号の月面探査機のパイロットだった。私が別世界を旅したことを強調して「月を越えて行った」という者もいるし、また、文字どおりの意味で「ルナティック」と呼ぶものもいる。この言葉の、ウェブスターによる定義の一つは「途方もない愚行」である。確かに、私はこの本の序文を書くのに適任なのだろう。私のルナティックな性格と、月を直接経験しているという点で、私はこの「夜の光《ナイトライト》」にたいしてコメントを寄せる資格が十分にあると言える。

まだペンシルバニアのピッツバーグにいた幼いころから、私はすでに月に魅惑を感じていた。月に行くことを夢見ていた私は、月にいつか旅をするだろうという私の夢を、両親に、そして近所の人々にも語っていた。かえって来た反応はすぐに想像できると思う。一九三五年の時点では、だれもが私をあざ笑った。「坊や、それは馬鹿げているよ。人間にはそんなことはできやしない。自分の人生にみあう、なにかもっと価値のあることをしなさい」。私の幼い夢は、打ち砕かれた。

それから何年も後に私はアポロ計画の宇宙飛行士の一人に選ばれた。我々は、この探査のために五年間の訓練を受けた。月で最も高い山を探検するということもあって、我々はでき得る限り月に関する研究を重ねた。その山とは「月の男」の鼻をなすアペニン山脈である。

月旅行は私の生をあらゆる面で変えた。まず、肉体が変化した。肉体的影響は医療機関によって細かく記録されている。肉体は、重力のない環境にただちに適応したのだ。体液の減少、赤血球生産の減少、カルシウムの減少、心臓の不整、筋肉の萎縮、強い放射線環境での影響などがあった。

月は究極の砂漠である。月にいるということは、非常に危険なことだ。宇宙服は我々の、月での繭のごとく思われた。我々の月面での身体状況は、脱水状態になってさらに悪化した。我々は働き過ぎたのだ。我々の液体冷却アンダーウェアに適切な冷却材を選んでいなかったため、交換する電気板もなく、脱水状態になってしまったのだ。月面を離れたとき、心臓は非常に不整な脈を打ち始めた。

心理的な変化は、さほど子細には記録されてはいない。我々の自己認識は、どのように他の人々が自分をみているか、ということに大きくかかっている。今、私の親友たちは私を違ったふうに見るようになっている。彼らは私をただのジム・アーウィンとは紹介しない。彼らは、「月に行ったジム・アーウィン」と紹介するのだ。神が地球を見るかのように地球を見ると、大きなスピリチュアルな変化がある。我々は三日の間、完全に「我々だけのもの」であった別世界にいたのだ。それはきっと、地球が「自分たちのもの」であったころのアダムとイブが感じたような気分と似ていたにちがいない。

ギリシャの光と太陽の神、アポロは最初の月旅行計画にその名を貸すことになった。

そう、我々の人生は大きく変わったのだ。

ご承知のように、月に行ったアメリカ人は二四人おり、うち一二人は月面を歩き、六人は月面車を利用することができた。もし月面車がなければ、月の山に登ることはできなかったであろう。今、アポロ15号から二〇周年を迎えようとしている。三人のコマンド・パイロットは他界した。アポロ13号のジャック・シュワイカートは白血病で亡くなった。アポロ7号のドン・イーゼルは心臓麻痺で亡くなった。アポロ17号のロン・エヴァンズも心臓麻痺で亡くなった。我々は絶滅に瀕している種族なのだ。我々が全員死んで、月を訪問した直接体験による知識が消滅するのもさほど先のことではないだろう。この冒険をひとつの神話、あるいは悪ふざけとさえ思う人々も増えるだろう！　しかし、私がここにいるかぎりは、私は月の神秘を人々と共有したいと思う。

月は地球の四分の一の大きさである。重力は六分の一。我々は時速四〇〇〇マイルで月の周囲の軌道を巡っていた。つまり二時間で月を周回することになる。地球は、漆黒の宇宙に浮ぶ、美しく青いビー玉のように見えた。私は地球を指の間に収めることもできたし、親指で完全に隠すこともできた。地球がどんなに小さく見えたかを言えば、ほとんどの人が驚く。あなたは月を指でつまもうとしてみたことはあるだろうか。もし試してみれば、月は小さな豆粒ほどだということがわかるだろう。それは度数にして二分の一度のサイズだ。地球は四倍の大きさなので、ビー玉ほどの大きさになる。私は、この青い惑星に生命がいる証拠を見いだすことができなかった。ロンドンやニューヨークという大きな都市も見ることができなかった。また中国の万里の長城のような大建造物も見えなかった。しかしそれでも、私はこの青い星が私の故郷であることがわかった。月は地球とは全くちがっていた。月には生命も、音も、空もない。

漆黒の宇宙を見上げたが、太陽からの反射光のために星を見ることはできない。月では十四日間明るく、そして次に十四日間闇に包まれる。

月では我々の存在は想像を絶するものであった！ 重力は六分の一しかなかったために我々は非常に軽かった。太陽の光は、その強度を弱める大気がないために非常にまぶしかった。我々は太陽の直接の光を受けていたのだ。この天の熱源のために、月は非常に暑くなる。太陽が頭上にあったときには、二五〇度Fにもなった。我々は月の非常に早い朝にあたるときだけ月にいたので、一八〇度Fのところにさらされただけですんだ。そこでも、冷却液入りのアンダーウェアが必要だった。

我々は、最も近い天体についての新しい知識をもって帰還した。我々は別世界についての科学機関のネットワークを作った。科学者が研究するために八〇〇ポンドの月の物質を持ち帰り、さらに月についての知識を得ることができるようになったのだ。

アポロはギリシャの光の神である。我々が、新しい光明、新しいヴィジョン、新しい希望とともに帰還したのだと祈りたい。再び我々が月に向かうのは、一体いつのことなのだろう。我らが大統領は、それは二〇二〇年になるだろうと言う。つまり、我々の月旅行から五〇年後ということだ。次にはあなたがミッションに乗り出すのかもしれない。月旅行はあなたの夢だろうか。

今は非常に特別なときだ。「かつて月に行った」ことがある時代なのだ。私はジョンという名前のだれかが宇宙に行くと想像したことはなかったし、また私が行くとだれかが想像していたとも思えない。しかし、同じ学校を卒業した二人の男が、学校でと同じ順で月に行くことになったのだ。私は月に行った八番目の男で、ジョンは九番目の男だ。驚くべき話ではないか。

今は非常に特別な時代だ。「青い月に行った」*ことのある時なのだ。月そのものについて、そして我々の生活に及ぼす月の影響についての知識を得つつ、本書を大いに楽しんでいただきたい。

*(訳註) Once in a blue moon 第1部第5章 月の言葉の中に出てくるように、「めったにない、たぐいまれな」という意味を持つ。

Eternity and Time when they agree In Union joind and Harmony
Then tis most certain that thou shalt be free From Trouble Want Anxiety.
BYSS AND ABYSS - NOTHING AND ALL - TIME AND ETERNITY.
ETERNAL NATURE
SECOND IMPRESSION
FIRST IMPRESSION
SOLAR
WORLD
BREATHED
EXHALATION FROM SPIRIT
WHICH IS CALLED TIME IN
STRIFE OF VANITY
SURSUM CORDA
SURSUM CORDA

第1部

月の神秘

第1章　月に向かって

長い間、人類は果てしない好奇心を抱いて空を、神秘の星界を見上げてはこう問い続けて来た。空のかなたには何があるのだろう。輝く天球はいったいどれほど遠くにあるのか。かなたには別世界があって、地上のものとは異なる生き物が住んでいるのだろうか。また楽々とかなたの世界に向けて飛ぶ鳥たちも人類は見て来た。鳥に大空への旅ができるのだとすれば、高い知性をもつ人類に同じ旅ができないはずがあろうか。

21　月に向かって

古い時代、月がほんの少し飛び上がれば届く高さにあると信じられたのも無理からぬことであった。そのころには牛がその気になれば月を飛び越すことができ、高い梢は月をからめとることもあると、子供たちはたやすく信じることができた。方法さえわかれば、月にたどり着くことができる——人はそう考えることができたのだった。

人類がほかの惑星に飛び立つことができると想像してきたことも、不思議なことではない。ギリシャ神話のダイダロスとイカロスの物語などは飛行への憧れが生み出したものだ。また天駆けるドラゴンや翼をつけた駿馬であるペガサスなども、同じ夢の所産だ。月旅行という発想も、非常に古くさかのぼる。紀元一五〇年には、すでにギリシャの作家ルキアノスが、肩にワシとハゲタカの翼を結わえ付けて月に飛んだ男、イカロメニッポスのことを語っている。この男は、月からみれば人間はアリのようにしか見えないことを発見した！

これらは、すべて夢想の所産にすぎない。しかし一方で人類は確固とした現実とも取り組み、天体の研究を続け、科学を生み出してもきたのだ。バビロニア人たちは、紀元前七五〇年にはあらゆる天文学的な記録を残している。紀元前七二一年の蝕の記録は最古の、信頼に足るバビロニア人の観察によるものだ。このころには、すでに蝕のような現象が科学的な重要性をもっているとみなされていたのだ。

ギリシャ人たちはさらに膨大な月の知識、そして天文学一般の知識を積み上げた。月が太陽の光を反射して輝いているということ、そしてまた太陽によって月の片側だけが照らされているということを発見したのは、ギリシャ人にほかならない。ギリシャ人たちは、月の形が変化してゆくのは、太陽と月の位置関係の変化によるものだということすら知っていた。また彼らは月と地球の間の距離も、かなりの精度で推測していた。紀元二七〇年頃、サモス島のアリスタルコスは正確な値にまでかなり近づき、前一五〇年にはすでにロードスのヒッパルコスが二五万マイルの誤差で月の距離を推定していた。このような古い時代にしてみれば、驚異的な推算ではないか！

このようにして月と人間との位置関係に対する認識は、飛躍的な進歩をとげた。これらの発見から、あらゆる可能性が生まれて来た。そのことは、今日の科学的発見に勝るとも劣らない興奮を当時の人々に与えていたはずだ。人々は間違いなくこう考えただろう。月がひとつの世界なら、そこには生命があるはずだ、そして国家があり、植物が育ち、動物がいて、独自の文化が築かれているはずではないか、と。

こうして月旅行の物語が生まれる。サモサタのルキアノスは、紀元前一五〇年の昔に、すでに物語の主人公を月に送ったのだった。

文学、演劇、詩は、この新しい月世界への思いを反映してきたが、この月への憧憬の潮流は長く続くことはなかった。キリスト教のドグマが流入してきたことが、その大きな原因だ。キリスト教のドグマは、歴史のなかで人間の想像力を萎縮させた犯人の一人である。体制化したキリスト教会の教義にかかれば、この地球の世界こそ神の創造の中心とされてしまう。そこで、月はもはや地球のような世界とはみなされなくなり、ダンテの『神曲』にあるような、天国の一部にすぎないと考えられるよ

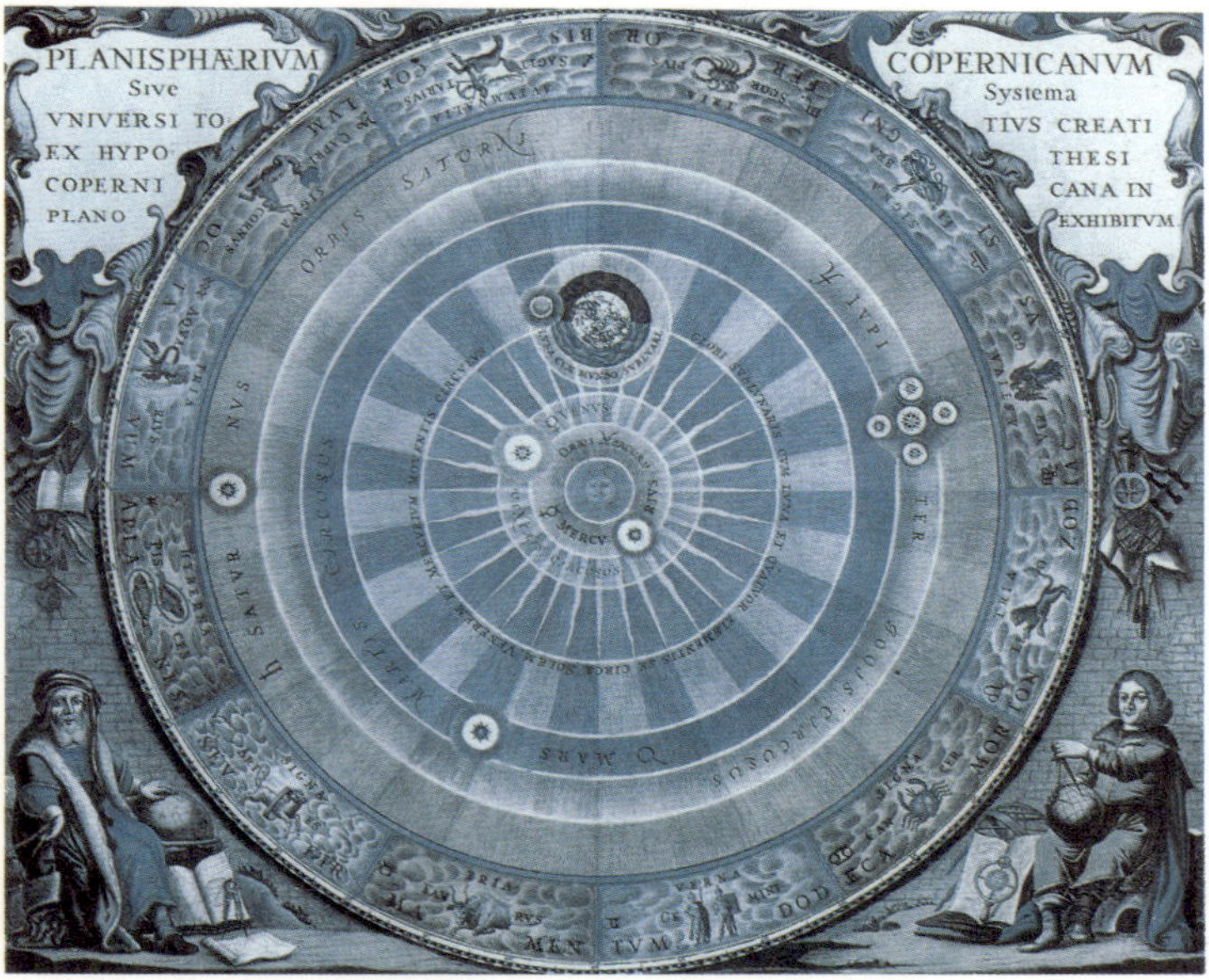

コペルニクスは地球が宇宙の中心ではないことを示し、キリスト教世界を震撼させた。だが、この発見はまた外惑星上の生命の存在という新しいファンタジーの地平を開いた。

うになったのだ。その後、キリスト教の静的な世界観に抗してようやく立ち上がったのは、コペルニクスだった。一五四三年、コペルニクスは重い地球が太陽の回りの空間をすいすいと公転している、という「不埒な」説を提出したのだ。何という考えだろう！　キリスト教が支配するこの惑星は、もはや宇宙の中心ではない。これで外の惑星にも生命がいるのではないかという豊かな想像力がわきたつ土壌がふたたび戻ってきたのだ。しかし、不幸にもコペルニクスはキリスト教徒たちの抑圧・弾圧に苦しめられたのだった。

月世界の生命を想像する営みは、ガリレオ・ガリレイが望遠鏡を天空に向けたときに再び燃え立つきっかけを与えられた。ガリレオの発見は、歴史の中でも特筆すべきものの一つだ。ガリレオは、月

月が単なる空で光る球ではなく、それ自身一つの世界であるという、このガリレオ・ガリレイの発見によって多くの人々が望遠鏡をのぞくようになった。

が滑らかで輝きに満ちた完全な球などではなく、でこぼこしていて、表面には山すらある、まるで地球のような姿をしているということを発見したのだ。以来、月は再び一つの世界であるとみなされるようになった。月が一塊のチーズであるという考えや、牛が一飛びで飛び越せるような月を描く詩情は、歴史上、この時点で死んだ。しかし、想像力はこのときから、我々にもっとも近いこの星を現実の世界とみなすようになったのだ。

ずっしりと大きく丸い彼の盾は、いかにも重々しく背後に投げかけられていたが、両肩に懸かっているその盾の茫々たる円形は、さながら月そっくりであったそうだ。例のトスカナの科学者が、斑点だらけの表面に何か新しい陸地か河か山を発見しようと望遠鏡を通し、夜ともなればフィエゾレの山頂から、というよりヴァルダノから眺めている、あの月の表面そっくりであった。(1)

(ジョン・ミルトン『失楽園』第一巻〔平井正穂訳　岩波文庫〕)

月への翼

こうして、月への飛行の黄金時代が幕をあけた。少なくとも想像力の世界においては。月が多少なりとも地球と類似点をもっているということがわかった今、想像力はまた、目もくらむような高みに羽ばたくことになったのだ。

今日我々は、ややもすると月世界への奇想天外な旅行譚を嘲笑しがちだ。たとえば、一七世紀ヒアフォードの司教の資料によると、ドミンゴ・ゴンザレス某なる人物は白鳥の翼に自身を結わえ付け、月に出掛けたという。彼は、旅は雲を突き抜けると急に楽なものになった、という！　司教は、民衆と同じようにある種の白鳥は秋になると月に渡りをすると信じていたのだ。しかし、地球の大気層が、月にまでは達していないことがわかるのは、ヒアフォードの司教の物語のずっと後のことだ。それまでは、月旅行を語る作家たちは幸福なことにも、雲の上にも息をするに十分な空気があると、そして月面にまで大気は達しており、甘やかな酸素を含んでいると想定することができたのだ。もし、あなたがこの時代に生きていたら、あなたがいま暮らしている環境が普遍的なものではないなどということを想像できる材料はなかったはずだ。一七世紀には、ケンブリッジ大学のトリニティ・カレッジの学者ですら、このような旅は鳥の翼に結わえ付けたり、「人を空中にまで届けるためには、人が座れて、そのための運動をする」空飛ぶ戦車に乗れば可能だと考えていたのである。

このような幸福な無知は望遠鏡による観測によって打撃を受ける。地球と比べると、月の表面はいつもくっきりと鮮明に見える。したがって、月に大気があるとは考えられなくなった。雲や霧が月面を曇らせることはなく、照らされている部分と暗い部分の境目は必ずくっきりとしていて、ぼやけていることはない。証拠はどんどん積み上がっていった。このロマンティックとは言いかねる発見が暗示するものは何だろう。はっきり言ってしまえば、大気がないということは生命がないということだ、もし大気がなければ、海は太陽の熱で煮えくりかえることになるからだ。それなら、ここで「月面の生命」というファンタジーは終止符を打ってしまうのだろうか。

いや、そうではない！　作家にとって、こんなにも身近で可能性を秘めた想像物が何の役にも立たないなどということを「文字通り」に受け止めることはできないのだ。西洋世界は、すべてのものの基礎には「目的」があり、何事も無駄になるようなものはないという観念にどっぷりと浸かっていた。（無駄などというものは最悪の概念である）。我々からさほど遠くない、豊かに生命を宿した星。これより意味深い目的をもつものがあろうか。こうして科学との矛盾を犯しながらも神話は続く。

傑出したオックスフォードの数学者、ジョン・ウィルキンスの『新世界発見』は一六四〇年に刊行され、月には実は大気があることを証明した。太陽に照らされた月の部分は暗い部分よりも大きい。彼が考えるには、これは月に生命がある可能性を示唆している。実際には、彼の説は目の錯覚によるものだった。彼の結論もまた、単なる月光の惑わしなのだ。

一方、シラノ・ド・ベルジュラック（あの鼻の大きな、輝かしいフランスの詩人にして兵士、そして最近の映画のスター）はもう少し気楽に考えていた。もっとも、その結論は少しばかり手堅い策略となったが。『月世界の喜劇的な歴史』（一六五六）のなかで、彼は朝露を集めた瓶を旅行者に結び付けることを提案する。太陽が露を暖め、それが天に上るにしたがって飛行士は浮遊してゆくというわけだ。このような方法は、本質的に詩的なものだ。このようなロマンティックな思考は今日の「実証的」科学の毒気に当てられて失われてしまった。作家たちは、どんな物語でも、月に旅するどのような装置でも作り出すことができる。そのもとになるのは、人を楽しませようという気持ちである。しかし、シラノはそこに甘んじる作家ではなかった。彼は露の蒸発による方法と同じように、ロケットを使った宇宙旅行も提唱していた。ロケット、なんという愉快な方法。シラノから三世紀後、我々は成功することも失敗することもあるが、ロケットに乗り込むことになるのだ。

だが、ロケットによる推進力は、長くシラノの関心を引き留めておくことはなかった。シラノはすぐにこのアイデアを放棄し、かわりに、強力な磁石を投げ上げ、それに引き寄せられて、人をのせた鉄の軽い戦車を宙に浮かせるという方法を取り上げたのだ。戦車が磁石まで達したときには、再び、磁石を宙に投げる。これを月に到達するまで繰り返すのだ！　残念ながら、これは力学の第二法則に反している。しかし、この法則はその時代から二世紀経るまで理解されることはなく、その想像力において、シラノに匹敵するものもいなかった。

しかし、ニュートンが登場してこのような夢想に終止符を打つ。地球の重力圏は大きく、地球と月の間の空間のほとんどは真空であり、もちろん、月に大気はないことが明らかになった。再び、科学が（キリスト教と同じように）空想作家の想像力をにぶらせることになったのだ。このような不毛な場所に、誰が行きたがるだろう。

しかしその一方、作家は月を社会風刺の道具として使った。

このジャンルの古典、スウィフトの『ガリバー旅行記』は、この時代に生まれている。また、同じように『カクロガリニアへの旅』も一八世紀初期にベストセラー・リストに入った。サミュエル・ブルント船長なる人物（おそらく聖職者の筆名）によって書かれたこの作品は、この紳士が難破し、カクロガリニア人の島に漂着する冒険を描いている。

このカクロガリニアたちは人間ほどの大きさの鳥たちで、人間と同じように堕落しているのであった。眠りのなかで船長は彼らとともに月にまで飛行する。そこでは夢は思うだけで実現するのであった。月の世界の住人セレニテス（後にウェルズが借用する言葉）は、彼らを歓迎した。地球の人々は月の住人たちは欲望や悲しみがなく、ただ哲学と宗教に思いをよせてここに生きているのだということを発見する。

さらに風刺的・教訓的な物語が『ジョン・ダニエルの人生と驚異の飛行』（一七五一）に見られる。このなかで、著者は主人公が自分自身の筋肉の力で月まで飛ぶ装置を用いている。人力で月まで飛ぶ装置はこの著者が初めて考案したものだ。鳥に引かれるでもなく、朝露を用いるでもない月旅行装置！ ここでも、難破船に乗っていた男のモチーフが現れる。この男は、父親が作った飛行装置によって、まぐれで月に到達してしまうのだ。二人が地球に戻ろうとしたとき、地上の人々によって発

「その表面のぎざぎざも、私の視界にはっきり見えた」

私を月に連れてって(Fly me to the moon)：18世紀の物語『カクロガリニアへの旅』。鳥が人間を月に連れて行く。そこには全く新しい世界が拡がっていた。

砲されたりもしたが、ついにジョン・ダニエルは「長い労苦と心労の末」やっとイギリスに帰還することができ、「故郷で静かに九七年の一生を終えることができたのだった(2)」。天文学者たちのあまり楽しくない発見にもかかわらず、このように民衆の間では月はあいかわらず誰かが住む土地であり続けた。そして、このような夢想のあるところ、いたずら心が生まれてくる可能性も十分にあったのだった。

一八三四年、著名な天文学者ジョン・ハーシェルは南半球の星を調査すべく喜望峰に赴いた。それ自体はアカデミックでとりたてて派手さのない研究であると思われていたものである。しかし、ハーシェルが喜望峰にいる間に、一人のアメリカ人ジャーナリストが、ニューヨーク『サン』誌に記事を連載しはじめ、ハーシェルがとてつもなく精度のよい望遠鏡を打ち立てたと書きたてたのである。し

二〇世紀になるまで、人類は月旅行の物語を作り上げるのみだった。今や我々は、宇宙を旅し月に自力で行くことを当然だと思っている。

かもこの望遠鏡によって、ハーシェルはかつて明かされることのなかった月面の様子――つまり、建造物や生物を観察したと、記事は述べる。大衆はこの語りに夢中になり、このウソがばれるまで、『サン』は売上げを大いにのばしたのだった。実際のところ、ハーシェルの望遠鏡は今日のNASAのお粗末なハッブル望遠鏡にあたるような、程度の低いものだった。

サイエンス・フィクション――幸福な結婚

一九世紀半ば、今日SFの時代と呼ばれている歴史が幕をあけた。これはつまり、事実と空想が幸福に結婚を果たしひとつに結ばれあって、想像力豊かな作家が豊かな洞察を、天文学や「宇宙物理学」の世界に持ち込む時代の始まりであった。たとえば、エドガー・アラン・ポーはあきらかに、社会風刺などよりも科学的な背景を用いることのほうに興味を覚えていた。

その『ハンス・プファール――ある物語』(一八三五)で、ポーは宇宙飛行士を月に風船を使って送り出している。

「その表面のでこぼこは、わたしの目にはあまりにもはっきりと、その境界によって見ることができた。海も、湖も川も、水と呼べるものはまったくない。それは、わたしには一目で、この土地のもっとも驚くべき特徴のひとつだということがわかった」。

SFを大衆化したことは、ジュール・ヴェルヌの功績である。『月世界旅行』(一八六五)は、単に月に行けるか行けないかということ以上に、ひとつの旅行記の体をなしている。実際、旅行者は月面に着陸すらしていない。これは宇宙飛行の物語、そのなかで旅行者がどのようなことを体験するかの物語なのだ。

ヴェルヌの『月一周』[3]（一八七〇）では、宇宙船が月を周回する。地球への帰路につく際に、飛行士バービカンは月には生命がいるはずはないと言う。

「月が生命の住めない場所だというのなら、過去においても月には生命はなかったのだろうかね、バービカンさん」

「わたしの思うところでは、いや、確信しているのですが、月には人類がいたはずです。地球の人類と同じような体をもった、ね。それに、解剖学的にも地球の動物と同じような構造をした動物がいたはずですよ。けれどね、急いで付け加えなければなりませんが、月の人類や動物たちの時代は過ぎ去ったのです。それらは、今日ではすっかり絶滅していますよ」

「では」ミッシェルは尋ねた。「月は地球よりも古いということになるが」

「いや！」バービカンは断言した。「ただ、この世界はとても生成の速度が速いのです。そして、その終焉も速かった」

ヴェルヌの作品は最新の科学知識をもとにして書かれた。だが同時にヴェルヌは自分の想像力をその枠組みに付け加えることをためらわなかった。彼はSFの父の一人に数えられるようになったのだった。

「では月が過去もずっと地球の衛星であったなどと、誰に断言できるだろう」

「どんな言葉も、その音を言い表すことはできない！ クレーターからのように、地球の内部からすさまじい火が吹き出していた。

「それに、」ミッシェル・アーデンは叫んだ。「月が地球より前には存在しなかったなどとどうしていえるものかね」

「想像力のおもむくまま、彼らは無限の仮説を生みだしていった」

そして後に……

「大丈夫だよ、ミッシェル」バービカンは続けた。「重力の法則が消えるという場所がないにせよ、いま君は地球よりは重力の弱い場所に向かっているのだからね」

「月に？」

「そうだ。月面ではあらゆる物体は地上の六分の一の重さになる。実際すぐに確かめられることだ」

「どんなふうに感じるのだろうね」とミッシェル。

「二〇〇ポンドのものが月面ではおよそ三三ポンドになるということだ」

THE MAGAZINE OF PROPHETIC FICTION
January
WONDER Stories
HUGO GERNSBACK
Editor
A GERNSBACK PUBLICATION
"THE MESSENGER FROM SPACE"
by D. D. Sharp
NOW 15¢

37　月に向かって

「人間の筋力は減らないのかい」

「全然。一ヤードどころか、一八フィートも飛び上がれるようになるよ」

「月ではみんながヘラクレスになるね」とミッシェルは叫んだ。

「ああ」とニコルが答えた。もし月の住人の身長が月の大きさに比例しているなら、彼らは一フィートもないだろうな」

「まるで小人の国だ!」ミッシェルはまた叫ぶ。「ぼくはガリバーの役をやるよ。巨人の寓話が現実のものになるんだね。自分の惑星を離れて、太陽系を旅することにはこんな楽しみがあるのか」

『地球から月へ』(4)でヴェルヌは月に向けて宇宙船を打ち上げる。ヴェルヌは、この船をこんなふうに描写している。

「この金属の塔への入り口は、円錐状の壁につけられた狭い隙間のそばにあった。旅行者は月に到着するまで快適にここに体を落ち着けることができる。四つのガラスの小窓を通して、光をとりいれたり、外を見ることもできる。水や必要な食料の貯蔵庫もしっかりと取り付けられていた。火と光は、圧縮されて貯蔵されたガスによって供給される。ただ、ボタンを押しさえすれば六時間にわたって乗り物は快適に照らされ、暖房される」

このような描写は、我々のように、宇宙船に何が必要なのかよく知っているものにはきわめてなじみ深いものだが、しかしヴェルヌはこれを想像だけで書いたのだ。しかも彼は、単に推測するしかなかったはずの、ロケットの打ち上げの情景までをこんなふうに描写しているのだ。

「すぐにマーチスンは電池のボタンを指で押し、液体の流れを修復し、火花を散らせた。すさまじい、この世のものとも思われない大音響がとどろいた。

その音は雷鳴をも上回る、あるいは火山の爆発にも比べられない、空前のものだった。どんな言葉も、この恐ろしい音を表現することはできまい。クレーターからのように、大地の奥から火柱が上る。大地は揺らぎ、何人かの見物者たちは火煙のなかに一瞬、ロケットが空気をつんざいて上昇してゆくのを見ることができた」。

H・G・ウェルズの『月世界の人間』[5]（一九〇五）では、「カボライト」と名づけられた神話的な物質が地上の重力を断ち切って、二人の宇宙飛行士を月面に着陸させるという栄えある役を演じている。二人は、そこでセレナイト人と称する存在を発見した。

「彼らは大きな頭蓋をもっている——とても大きな頭蓋、細い体、そしてとても短い足をしている。彼らは穏やかな音をたてながら、とてもゆっくり、しかし、統率のとれた動きをする……。

わたしは傷を負っていたし、まったく何もできない状態だったが、彼らの存在がいくばくかの希望を与えてくれたのだ。彼らはわたしを攻撃することもなく、危害を加えもしなかった」

二人がはぐれたとき、男はたったひとり、この未知の世界にとりのこされたときの気分をこのように語っている。

「まったく、孤独だった。

上にも、周囲にも、内側にも、ぐっとわたしに近いところですら、ただ永遠が広がるばかりだった。

始まりの前にあり、かつ時の終焉をすら超える永遠。すべての光、生命、存在をすら、まるではかない流星の尾の輝きにしてしまうような途方もない空隙、冷たさ、静寂、沈黙——無限の、究極の夜の空間」

そしてついに彼は月の住人の首長であるグランド・ルナに出会う。

「……一万もの頭が、敬意をこめていっせいに一点を仰ぎ見た。わたしの視線は、それにつられて頭上に浮かぶ至高の輝く知性体に向けられた。

最初この光を見上げたときには、この第五元素でできた脳は、不透明で輪郭のはっきりしない気泡のように見えた。そのなかには波打つ幽霊のような、何かが回転しているのが見える。そのすぐ下、玉座の端のすぐ上に、光の外を見据える小さな妖精のような目がある。その目は奇妙な熱意をもって、わたしのほうを見下ろした」

これらの物語は、それまでの単なる空想から科学の世界での発見、月に実際に行く手段が考案されはじめたことにともなう、新しい運動への過渡期に出たものだ。ウェルズとヴェルヌの作品は、月への旅行の可能性を予期したものであり、その点で今日でも価値を失っていないのである。

アポロ17号の打ち上げ（四〇頁）

第2章　太古からの月物語

毎月、月が驚くべき永遠の変身を続けて行く姿を人は目にすることができる。月は闇のなかから現れ、かぼそい銀の燭光を放ち、そして、成熟した栄光の姿を見せるまで満ちつづけ、ゆっくり、しかし間違いなく再び闇のなかに消えて行く。海を、地上の生命を引く月の力を感じることができるし、そのリズムは我々のもっとも奥深くの生命の神秘、すなわち生殖と創造の神秘ともかかわっているようにすらみえる。月にまつわる神話が時代を超えてすべての文化に見られるとしても、不思議はないだろう。

南アメリカではグアラニ・インディアンたちが、こんな物語を語る。太陽と月はもともと兄弟であったが、魚に姿を変えたので、貪欲な悪霊の釣り針にかかってしまった。月は鬼に食われてしまう。おびえた太陽は鬼が食い散らかした魚の骨を集め、ふたたび兄弟に生命を吹き込む。この食われ、また再生するというプロセスは月の満ち欠けに受け継がれることになった。

同じ情報源では、また月は二人の娘とともに地上に住んでいたこともあるとされている。ある日、月は美しい子供を見、その魂を瓶の底に隠してしまう。一人のシャーマンがその魂を探しにでかけ、月は娘たちに子供を奪われないように頼む。しかしシャーマンはすべての瓶を壊し、魂を発見する。それを恥じた月は天に昇り、また娘たちには魂の道を照らす役割を与えた。これが天の川になるのである。

コロロマナ・インディアンは、月が欠けるのは、月が猟に出掛けるからだという。月が現れるのに時間がかかるほど、獲物は大きく、料理するのに時間がかかっているのだ。満月の日にはねずみかラットを料理しているが、日に日に、獲物はやまあらし、豚、鹿、アリクイ、と大きくなり、ついに下弦の月の日にはバクを料理しているという。

南アメリカのインディアンの神話にはまた悲しい月の変身の物語もある。カルエタルイベンはとても醜く、彼の妻は彼を愛することができなかった。ある日、そのことを嘆いていたところ、太陽とその妻、月が現れた。太陽と月はとても毛深く、またバクのような声で話した。

太陽と月は何を嘆いているのかと尋ね、しかも、このインディアンが真実を口にしているかどうか試すため、太陽は妻にこの男を誘惑するように言った。

しかし、カルエタルイベンは悲しいことに、醜い上に不能でもあった。そこで太陽は魔法の力で彼を胎児に変え、月の子宮のなかに入れた。三日後、月は男の子を生んだ。太陽は再び魔法でこの男の子をとても美しい若者に変身させた。そして太陽はカゴいっぱいの魚を与え、村に戻って、夫の不在の間に裏切った妻を見捨てて別な嫁をめとるように言ったのだった。

さらに南、南東オーストラリアのウォトジョバルク族の間では、まだすべての動物が人間の男女だったころの物語が語られている。誰かが死ぬと、月が「もう一度起きなさい」と言う。すると、死者は甦るのだった。しかし、あるとき一人の老人が「死者はそのままにしておけ」と言った。以来、死から甦るものはいなくなった。ただ、今でもそれを続けている月という例外を除いては。

月のなかの男

古代北欧の神話には、ムンディルファリなる男の物語がある。この男にはとても美しく、輝きを放つ子供たちがいた。男はあまりに子供たちが美しいので男の子の方を月、女の子の方を太陽と呼ぶようになった。が、これが神々の怒りをかい、子供たちは天に引き上げられ、少女は太陽の御者に、少年は月の満ち欠けを導く仕事をあてがわれた。そして、少年はさらに二人の子供たち、ビルとヒュユクを天に引き上げた。この二人は井戸から水を運ぶことになったのだった。このときから、月の面には子供が見られるようになった。この物語が、こんな童謡の起源になったのだった。

ジャックとジルは山を登っていった
バケツに水を汲むために
ジャックはころび、頭に大けが
ジルもつづいてこんころりん

［平野敬一訳・『マザーグースの唄』中公新書より］

水をバケツに汲む、というのは重要だ。月は地上の水に影響を与えており、雨を支配しているとも信じられている。また、暗黒の東方、トランシルヴァニア地方では、人々は水をみたした瓶や樽を持ち歩くという。これは、吸血鬼になって、人々の後ろからつきまとおうとする悪霊を水のなかに閉じ込めるためだ。これが、吸血鬼は鏡に映らないという発想の起源だ。肉体に戻った魂は、水に溺れることを怖れ、姿を映すものを避けるのだ。

ビルとヒュユクの父親の話もまた、いばらの束を背負っている月のなかの男という形でフォークロアのなかに入り込んでいる。キリスト教の俗信では、この男は日曜日に薪を集めて罰され、月に上げられてしまったのだともいう。(6)

「いばらを盗みし男は月に永遠に上げられた(7)」

「粗野な人々がかたる、月のなかの男(8)」

「月の男は他人の垣根からいばらを盗んで罠にかかった、
何もせずに通りすぎ、
いばらをそのままにしておけば、
月のごとき高みに行かずにすんだものを」(作者不詳)

原始的な人々は月と地球の距離に思いをはせ、月の表の黒い点が何であるかを想像しようとしていた。なかには、それは男の顔だと言うものもいた。『民数記』では、イスラエルの子らが荒野にいた時代、安息日に薪を集めた男が石打ちの刑にあって殺されたことになっている。この伝説は、前キリスト教的な要素をもっており、しかもいかにして男が月にあげられたか、そしていまだに男の姿といばら、またときに犬を認めることができるのはなぜかという話が語られるようになったかということ

おなじみの「ジャックとジル」のような童謡は、月に関する北欧の、ビルとヒュユクの伝説に由来する。

も示唆しているようだ

月と死

月と死を関連づけている文化はたくさんある。なかでももっとも目立つのは、物語の核を死のイメージとしているものだろう。最終的な安息の地とされるにせよ、生と死の中途世界とされるにせよ、月が死者たちの里であるという古代の信仰があるのだ。おそらくこれは、月の永遠に続く生と死のサイクルからの連想だろう。あるいは、夜中のあの青白い、幽かな月の光が月と死を結び付けているのかもしれない。インドの聖典ウパニシャッドは、月は次の輪廻転生を待つ魂の仮の宿にすぎないという。霊は、雨によってふたたび地上に戻り、男性の精液を通じてこの世に生まれる。毎年のピッ

インドのピッチャー・フォース祭は水を介して月と地球を結び付けている。

チャー・フォース祭には、こんな伝説が語られる。

むかし、七人の兄弟をもつ一人の女がいた。その日は、すべての女が夫の長寿息災を祈って断食するピッチャー・フォース祭の日だった。その女は嫌々ながらも断食していたが、兄弟のなかでも最も年下の男は、彼女が空腹なのを哀れに思い、木に登って枝にランプを灯して、月が上ったから断食の日は終わったと言ったのだった。女が断食をやめると、すぐに主人は死んでしまった。この女は主人の亡骸が腐敗しないよう、一年の間見張り、次のピッチャー・フォース祭を待った。ついにその日がくると、彼女は自分の指を切り、主人の口にその血を流し入れた。と、男の魂は月から戻り、息を吹き返したという。

今日でもピッチャー・フォース祭はこの伝説の要素を保持している。妻たちは祭りのこの日一日断食をし、集っては二つの月など、古代の物語を壁画に描き、また賛歌を歌うのである。宵に月が上ると、女たちは月がよく見える場所を探し、地面に聖なる交差路を描く。水差しから女は聖なる十字に、月への捧げ物として水を注ぐ。それはちょうど、伝説のなかで女が夫に血を注いだことと対応している。月は水と精液を通じて魂を地上に送り返すのだと信じられているからだ。つまり、女は月の魂を地上に戻そうとしているのだ。さらに、彼女は月への捧げ物として、自分が描いた壁画の口の部分に食べ物を押し付け、その後、家族の男性に食物を供じて、断食を終えるのだ。(9)

死と月は、北オーストラリアのメルヴィル島の人々が語る、不義と復讐の物語のなかでも結び付いている。プラカパリという男があるとき猟に出掛けた。彼の家族は野営地に止まっており、その妻の一人、ピマは末の息子を一人野営地に残し、恋人であるタヤパラ、つまり月と、藪にわけいる機会を得たのだった。

プラカパリが戻ったとき、息子は死んでいた。妻とその恋人である月が戻って来たとき、彼の怒りは、抑えがたいものになっていた。

悲嘆にくれる父親をなぐさめようと、タヤパラは言った。「息子さんを貸してください。三日の内に、再生させましょう」。しかし、プラカパリの悲しみはあまりに深く、また怒りもあまりに大きなものだったので、とても月のいうことを聞いたり信頼することはできなかった。彼はタヤパラと戦い、メルヴィルの島の端から端へと追い回してついに殺してしまった。

彼は死んだ息子を抱き、海に向かってこう宣言した。「わが息子が亡くなり、二度と戻らぬよう、

「月」(Moon)という言葉の語源は、おそらく古代バビロニアにある。

すべての人間も亡くなると二度と戻らなくなるよう」。プラカパリとその息子は本当に戻らなくなった。そして島民はその時から人間は死ぬと生き返らなくなったと信じている。しかし、月であるタヤパラはその三日後に戻ってきたのだった。(10)

南アフリカのホッテントット族は、月と死を関連づける独自の神話をもっている。月はあるときウサギに地上に行って人々に、ちょうど月が毎月甦るように死んでも甦るのだと伝えよと命じた。しかし、ウサギは伝言を誤って伝えてしまう。ウサギは人がたった一回の生を生きるのだと言ってしまったのだ。ウサギがもどると、この誤りに怒った月は棒でウサギを打った。ウサギの口が裂けているのはこのためだ。しかし、ウサギも復讐を企て、月を去る前に月を爪で引っ掻いた。月の顔のこの傷痕は、今でもはっきり見ることができる。このような物語にはなにか生き生きとしたものがある。また同じような生と死の絆は聖書の古い部分にも見ることができる。主が創造の業を休まれた安息日と月はこの聖書の部分では結び付いているが、その起源はおそらく、古代バビロニア語の「シャバタウム」(満月の日)にさかのぼるのだろう。ここでもまた月は死と再生と結び付いている。

ある女は予言者エリヤに、死んだ息子を甦らせてほしいと頼んだ。しかし、彼の夫は反対した。「どうして今日、あの人のところにいくのか。今日は新月祭でもなく、安息日でもないのに」。(『列王記』二、四章)

写本『デ・スファエラ』のミニチュアより。

月の持つ生命を変容させる力とくれば、すぐにキリスト教の古き悪魔、すなわち蛇と月の結び付きを連想することができる。蛇の定期的な脱皮が、月と結び付くのだ。蛇そのものは古くさまざまな意味をはらむ象徴であるが、キリスト教世界において、この「新しい」信仰が多くの象徴を劣化させた。この例にもれず、蛇は否定的でみだらな意味をもつものとなった。おそらく、蛇が男根象徴とされ、また月が女性の生理とも結び付いていることが理由だろう。聖処女マリアはしばしば、蛇を踏み付ける姿で表されるが、しかし同時にマリアと月、そして懐胎の神秘との結びつきは明らかに矛盾があることを示している。つまり、肉欲は否定されたものの、すべての生命を産出する女神の崇拝はすたれることがなかったのだ。この理屈では説明しがたい状況は、多分、キリスト教が前千年期のなかばまでヨーロッパにしっかりと根を張っていた強力な大地母神への異教信仰と妥協せざるを得なかったために生じたのだろう。

月と生殖との結びつきは古くさかのぼり、多くの社会に見いだすことができる。今日ですら、我々は月を生理の周期と結び付け、満月のころ受精されると信じているのだ。

予言者エレミヤは、このような信仰や習慣に鋭く警告を発していた。

「ユダの町々、エルサレムの巷で彼らがどのようなことをしているのか、あなたがたには見えないのか。子らは薪を集め、父は火を燃やし、女たちは粉を練り、天の女王のために捧げ物の菓子を作り……」(『エレミヤ書』七、一八)

古き悪魔・月——月は常に生殖力と結び付けられて来た。それは悪魔によって示されたり、もう少し「受け入れやすい形」で示されたりもしている。

「天の女王」とはおそらくアシュタロテ、月と接点をもつ豊饒の女神のことだろう。このような菓子はギリシャ本島、エジプト、インドや中国でもつくられていた。聖書の物語に登場する町エリコは月の女神ヤラ（Jerah）に献じられていた。一九世紀になってすら、ランカシャーのリブルでは豊饒の月を崇めるべく菓子が焼かれていた。このようなことからイースターのホット・クロス・バンは古代異教の月信仰と関係があり、キリスト教に由来するものでは全くないと言われている。

「魔法の鳥が最初に地上におり、人類に生殖力を与えた。鳥は空の故郷に帰り、巣に落ち着いているが、いまだに人の子らを見守っている。死すべき人間はその鳥を『月』と呼んだ。そして人々が眠りについたとき、鳥はときどき地上に降りて来て、穀類やらほかの餌やらをついばむのだ。澄んだ夜空を見上げれば、そこには小さな星々という卵が見えるだろう。この偉大な白い月の鳥が生んだのでなければ、星々はどこから来たというのか(11)」

上部アマゾンのウパウエ・インディアンは初潮は月が少女を凌辱することから起こると信じている。多くの部族は、月の明るい夜には月が地上をうろつくという。このとき月が女性と交わることができれば、それが毎月の生理となって現れるようになる。同じように、イギリスを含めて多くの地域で月は女性を妊娠させることができるともいう。この胎児は月光で養われる。しかし、このような子供は完全に成長することなく、「うすのろ《ムーン・カルフ》」となって堕胎され、形をとりそこねた胎児となって煉獄に行く運命にある。月と生殖が関連するという我々の信仰の、「真の」理由を説明する物語はたくさん存在する。たとえば、南アメリカのクンビア族の神話も、それをきわめて巧みに説明している。

「――人々が眠っている間、月の鳥は空の住まいから降りてくる――澄んだ夜空を見上げると、星という卵を見ることができる」

あるインディアンの娘は、毎夜のように見知らぬ男の訪問を受けていた。娘は男の正体をさぐろうと、娘は彼の顔にチブサノキの黒い汁を塗り付ける。翌日、恐ろしいことが分かった。娘の恋人は、自分の兄弟だったのだ。男は家族から追放され処刑された。一人の兄弟が彼の頭を小屋に入れ、食料や飲み水を与えたが、やがてそれに疲れ、再び彼は追い出された。男の頭は転がって村に向かい、もとの家に入ろうとしたが村人たちはそれを許さない。絶望のあまり男の頭は何か別のものに変身しようと考えた。水になろうか、石になろうかとも考えたが、頭は月に変身することに決め、糸をつけたボールのように天に昇って行った。そして、自分を告発した娘に復讐すべく、月は彼女に生理という呪いを投じたのだった。

アマゾンのカシナワ族は、月が創造されたことが女性の生理の始まりになったという。また月の相は子供がどのような姿になるかにも影響する。新月のときに受精すれば、赤ん坊は昼のように明るい肌の色になるだろう。満月のときであれば、夜のように黒い肌になる。

また別の南アメリカの物語にも、転がる頭、血と欲望についての話がある。それによると、夜には元来月も星もなく、ただ真っ暗なだけであった。あるとき、若い娘が結婚を拒否した。怒り狂った母親は、こう言って家から娘を追い出した。「これで結婚したくないってことがどんなことかわかるだろうさ!」少女は半狂乱になって家の戸を叩いたが、怒った母親はナイフをとりだし、戸を開けて娘の首を切り落としてしまった。娘の頭は地面に落ち、体は河に投げ込まれた。

夜になると、娘の頭はうめき、転がり始めた。しかし、胴体なしでは将来はないと考えるや、娘は手の届かない月に変身することに決めた。娘は母に、もし糸玉を用意してくれるなら許そうといい、用意された糸の一方を口にくわえ、はげたかに牽かれて天に昇ったという。そして、彼女の目は星々になり、またその血は虹になった。また、女たちはこのとき以来、毎月血を流すようになったのだった。

男性と月

月が女性と女性の生殖機能と結び付けられているからには、男性にも月は明白な影響力をもっているにちがいない！　月と男性のペニスを結び付けている神話も数多い。これは、タカナ・インディアンによって語られている物語である。

ある男が二人の泥棒を捕まえたが、この二人は天の姉妹、月と明けの明星であることがわかった。男は月に恋したのだが、月はこれを拒み、かわりに彼女の姉妹を求めてはどうかと言ったが最終的には月は折れる。しかし、愛を交わす前に、大きな籠を男に編むようにと命じる。二人が交わると、男のペニスはどんどん伸び、ついには籠にいれて運べないほどになった。ペニスはとぐろをまいた蛇のようにして籠に入れても、さらに外にこぼれ落ちるほどになってしまったという。

男は村に戻ったが、問題が解決したわけではなかった。夜になると男のペニスは勝手にさまよい出して女たちを求め、交わるようになってしまったのだ。こんなふうに犯された娘の父親が、この男を待ち伏せた。そして、ペニスが接近してくると、男はペニスの端を切った。と、それは蛇に変わった。

ペニスを切られた男は死に、こうして蛇は死の母となったのだった。

月がペニスを延ばす力があるということは、ボリヴィアのインディアンの神話にも見ることができる。タムパサ族は、バクがとりわけ長いペニスと三つの睾丸を持っているのは、妻が満ちて行く月を飲み込んだ後、月を解放してふたたび満ちることを待つことなく性交したためだと信じている。

アフリカのバムブティ・ピグミーは月を万物の創造主だと見ている。すべてのものはソンゲ・アボンギシ、すなわち月から来て月に帰る。人間は、経血（これもソンゲと呼ばれる）を通じてやって来る。しかしまた月は人間の寿命も定めている。人間はいたずらにソンゲ・アボンギシが創造したものを破壊してしまうからだ。

バムブティの宇宙観では、一番星と明けの明星は月の二人の妻、ないしは月の創造力、あるいは建築し、同時に破壊する二人の兄弟である。人間が死ぬと、その火は故郷である月へと戻り、月の子となる。

虹の月

虹は、地上における月の象徴である。虹は、しかし二重の性格を持っている。もし西に現れれば、虹は吉兆、創造の前触れとなるが、しかし東に現れれば、危険と破壊の兆候となる。その創造的な性格としては、虹は月食を起こして月が人を殺すのを阻止する。また、虹の、動物界での対応物はカメレオンと蛇である。カメレオンは樹上、愛する月のそばに住み、月のように姿を変える。蛇は、月に

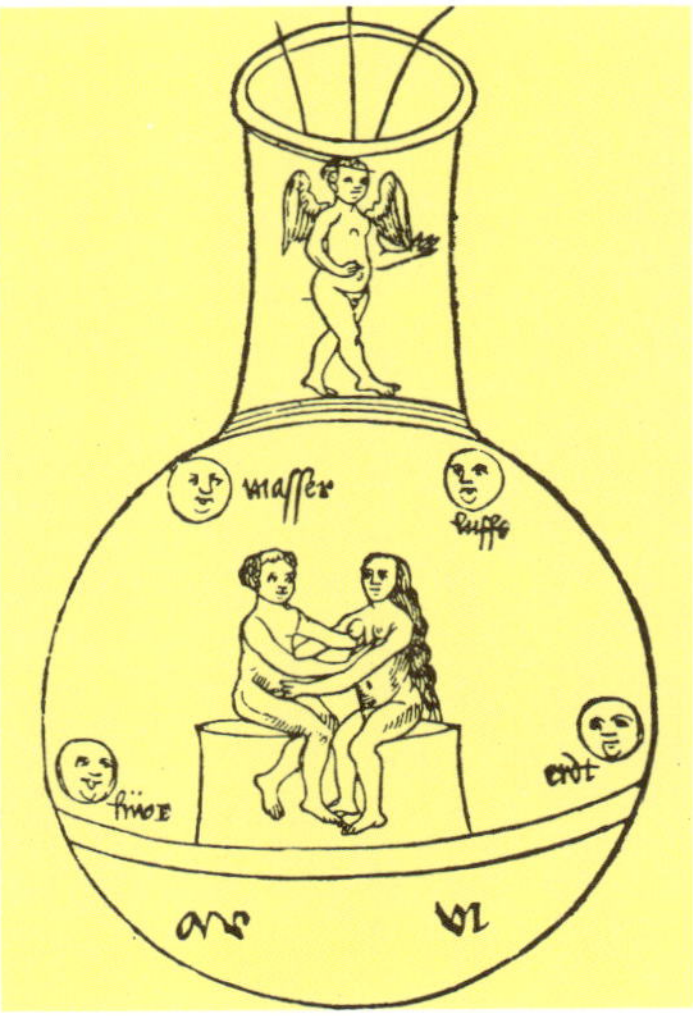

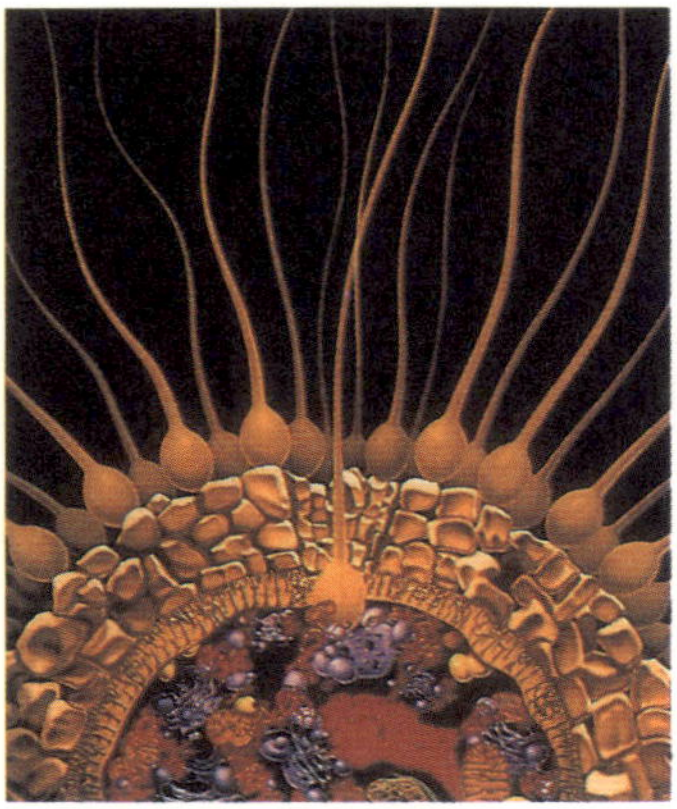

◀生命最大の神秘の一つ、受胎は世界中の伝説では、月と結び付けられて来た。

◀伝説によれば、月は男性器を延ばす力さえ持っている！

司られるイニシエーション儀礼において重要な役割を持ち、バムブティ族は月の暈をとぐろをまく大蛇だとみなしている。[12]

豊饒の亀

女性、豊饒、動物、そして夜の力強い混成は、メキシコの神話にも見いだすことができる。マヤウエルは夜空の女神であった。この女神は無数の乳房をもち、天の大海に住む魚たちである星々を養っている。女神は亀の甲に座している。亀は月と同じように、闇のなかに引きこもることもできるために月の動物とされていた。

古代エジプトや中国でも、亀の「見える時もあれば、見えない時もある」[13]性質から月と関連づけていた。北アメリカのサリシュ・インディアンによれば、月は一度被ると二度と脱げない帽子をかぶってしまったことがあった。そこで月は、帽子を脱がせてくれた女性と結婚することになった。我々になじみ深いおとぎ話とは対照的に、ここで結婚することになったのは醜い亀女だった。この日以来、醜い女性でも美しい男性と結婚することができるようになった。

月の斑点の動物

月の斑点はどのようにしてできたのだろうか。たぶん、その答えは月の上の斑点と同じ数ほどあるだろう。

虹は、月食を起こしたり、月が害をなすのを防いだりする。

グアラニ族は、それは月とその伯母の近親相姦からできたと信じている。(この伯母がどこから来たのか、そしてなぜそれが伯母でなければならなかったのかはだれにもわからない)。伯母は、月の顔をすぐに見分けることができるように染めたのだった。以来、彼は雨を降らしてその染みを洗い流そうとするようになったのだった。

また、こんな説もある。あるときビーバーと蛇が、カエルの姉妹と結婚したいと思った。だが、カエルのほうは求婚を拒んだ。カエルは自分たちは醜すぎると思ったのだ。しかし、この復讐にコヨーテは大洪水をおこし、大地はすべて水に覆われてしまった。そこでカエルは月に飛びつき、このとき以降、今でもその姿を月に見ることができるのだ。

あるいは、こんな話のほうがお好みかもしれない。月は隣人たちを宴会に招いた。ヒキガエルもそれにでかけたが、到着するまえに屋敷は満員になってしまい、ヒキガエルは追い返されてしまった。怒ったカエルは大雨を降らせ、月の屋敷を水浸しにした。逃げ出した客は、今度はカエルの家に光が灯っているのを見つけ、その唯一、乾いている避難所に殺到した。カエルは月の顔に飛びついて逃げたが、人々はカエルをそこから引きはがし、そこに今でも見える跡が残ってしまったのだった。

狼の呪いと月

月に関連した動物の物語にはむろん、もっと邪悪な要素を含んだものもある。とくに、狼の物語などはそうだといえよう。人狼伝説の雰囲気を強くもっている、北欧の黙示録的な伝説では、やがて月が消滅し、それが世界の終焉を告げることになっている。

月は、巨人の棲む鉄の森の、魔狼ハティ・ハルドヴィトニソンから永遠に逃げ続けている。しかし、いつか狼が月を捕えるときがくるだろう。空は血に染まり、太陽の光は消え、すさまじい暴風が吹く。

そして「巫女の予言」にあるとおり、恐るべき冬がやってきて、兄弟たちはたがいに争い、海は煮え、大地はひび割れる。

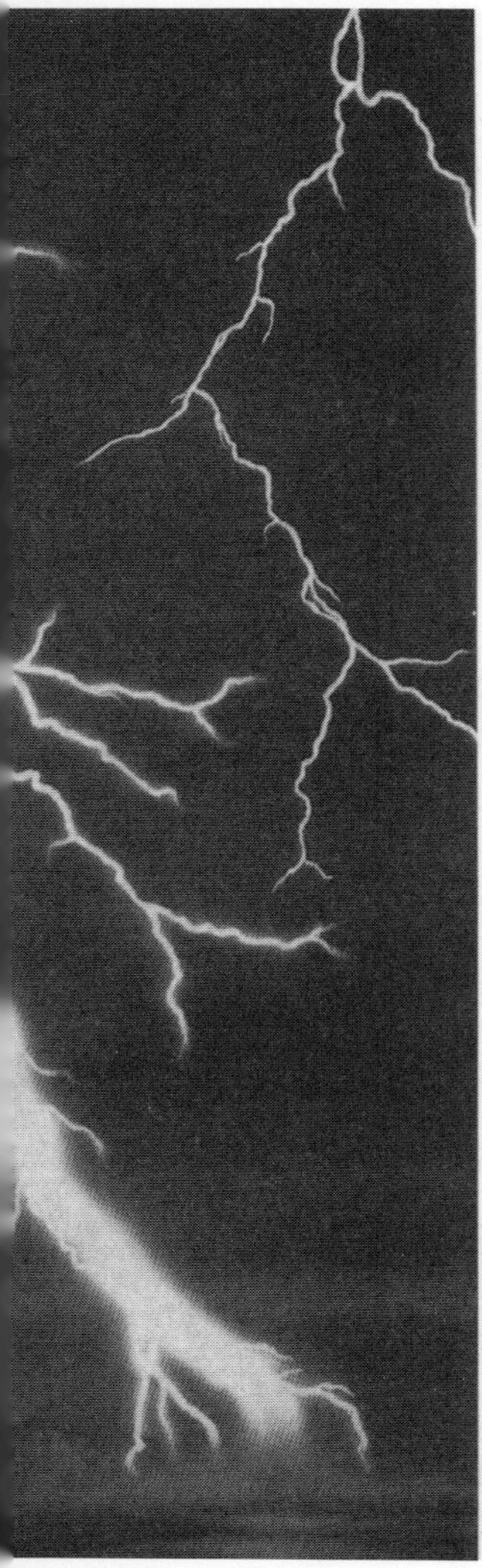

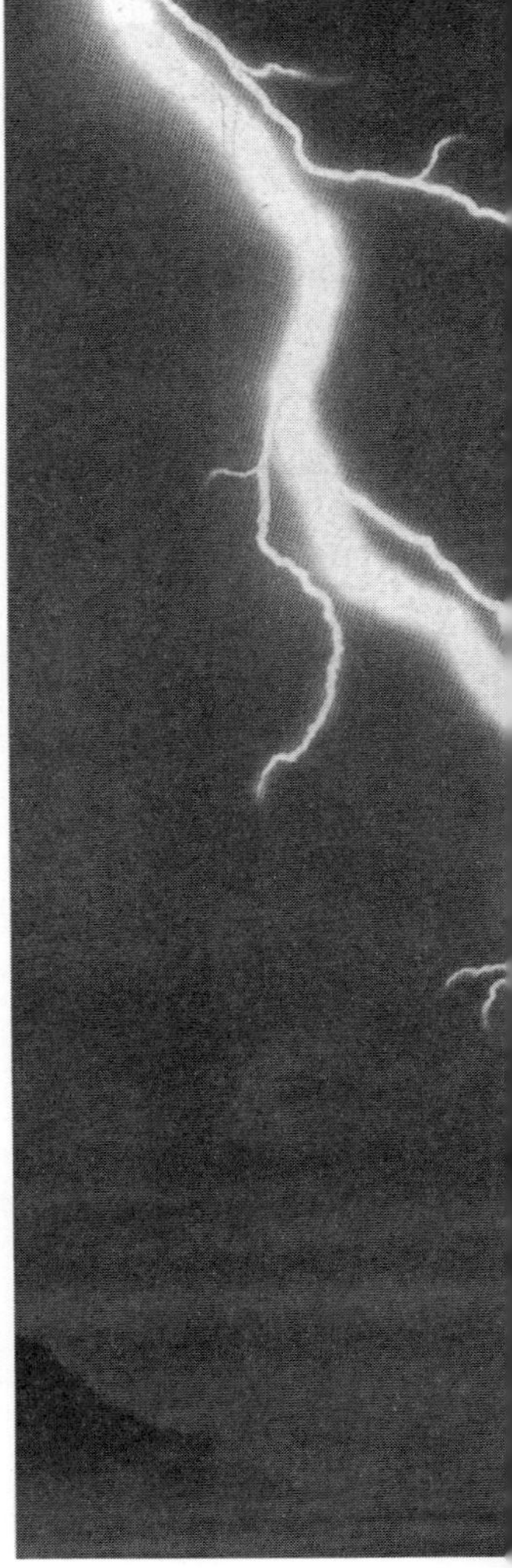

東なる鉄の森に住む老婆は、フェンリルの裔どもを生んだ。この一族から長じて怪物となり、日輪を呑みこむ者があらわれる。
この怪物は屍肉で腹を満たし、神々の座を血でそめる。つづく幾夏かに日輪の光は死に、いまわしい嵐が吹きすさぶ。[15]

［ちくま文庫『エッダ・グレティルのサガ』より引用］

シリオノ族の月

東ボリヴィアのシリオノ族の伝説によれば、月はかつて地上の偉大な首長として暮らしていたことがあった。月は邪悪な種族を滅ぼしたが、その種族から、シリオノ族にとって最も重要な矢の材料となる葦が生まれたのだった。次に月は人間と動物を作り、地上のすべてのものをつかさどるように

なった。シリオノ族は、月が天に昇ったいきさつをこのように語る。

ヤシ（月）には、ひとりの子供がいた。しかし、ある日、ジャガーはその子のしらみをとっていたのだが、頭を強く噛みすぎて子供も殺してしまった。ヤシは最愛の子を殺した動物を知りたがったが、だれもジャガーだと暴露するものはいなかった。ヤシは怒り、ホエザルの首をつかんで延ばし、ヤマアラシの背に針をつけ、アリクイの足をねじり、カメを地面に投げ付けた。カメがゆっくりとしか歩けなくなったのはそのためだ。また猿が通り過ぎるものにはだれかれとなく果物を投げ付けるのは、ひょっとしたらそれがヤシではないかと思うからである。

ヤシの怒りは、それでも収まらなかった。彼は天にのぼり、止まってそこで偉大な首長でありつづけたのだ。

さて、月は半分の時間を狩りに費やしている。月が暗くなっているときは、遠いところに狩りに出掛けているとされている。また月が欠けるのは、戻って来たときに月の顔がとても汚れているからだとされている。そして、月は毎日すこしづつ顔を洗い、すっかりきれいになると、満月になるのだという。また、狩りに行く間は少しづつ顔が毎日汚れ、やがて完全に見えなくなる。

シリオノ族はまた、月は雷と稲妻の原因であるとも信じている。月は天から野生のブタやジャガーを投げると雷になる。また別の類話では竹を天にひきあげると雷になるのだそうだ。さらにヤシは、月の火と呼ばれる惑星や恒星を創造した。(16)

太陽と月の伝説

月と太陽は天でよき伴侶とされている。月はたいてい――いつもというわけではないが――このパートナーシップの女性の役割を担っている。すなわち直感的で神秘的な創造力。この配属は、世界中の多くの文化で見ることができる。

ごく大まかに「男女」と訳することもできる、中国の「陰陽」の伝説には太陽と月も含まれる、そして伝説のなかに、また物語を発見することもできる。

ヘン‐オーは偉大な戦士シェン‐イーと結婚した。夫が戦に出掛けているあるとき、天井から光線が差し込み、家にかぐわしい香りがたちこめた。妻は屋根に上った。すると、そこに不死の霊薬があった。彼女はそれを飲んだ。と、突然、彼女は自分が飛べるようになったのに気が付いた。彼女が飛行を試みたのはちょうど、シェン‐イーが戻って来たときだった。夫の分の薬はなく、恐怖にかられた妻は窓をあけて飛び去った。夫はあとを追った。ちょうど、一陣の風が吹いて、男を舞上げ、追いつけるかに思えたとき、妻は満月に飛んで行くのが見えた。しかし、結局は男は地面に墜落してしまう。

ヘン‐オーは飛翔を続け、ついにガラスのように輝く、巨大で冷たい天体にたどり着いた。そこでは、生きているものといえば、シナモンの木ばかりであった。

そこで突然、彼女は咳をし、不死の薬の皮を吐き出し、これが白いヒスイのウサギとなった。伝説によれば、これが陰、すなわち女性原理の起源である。こののち、ヘン－オーはこの地、月にずっと止まることを決心した。

一方シェン－イーはすぐれた武勇の誉れとして太陽に宮殿を与えられた。また、彼は月の護符を与えられ、月を訪れることができるようになり、そこで陰陽が交われるようになったのである。しかしながら、この逆は不可能だった。月は太陽を訪ねることができないのだ。このため、月の光は太陽から来るものであり、太陽が訪問するかどうかによって月は明るくなったり暗くなったりするのである。

太陽と月の強力な結合は、多くの性的冒険——あるいは不幸の——物語を生み出している。

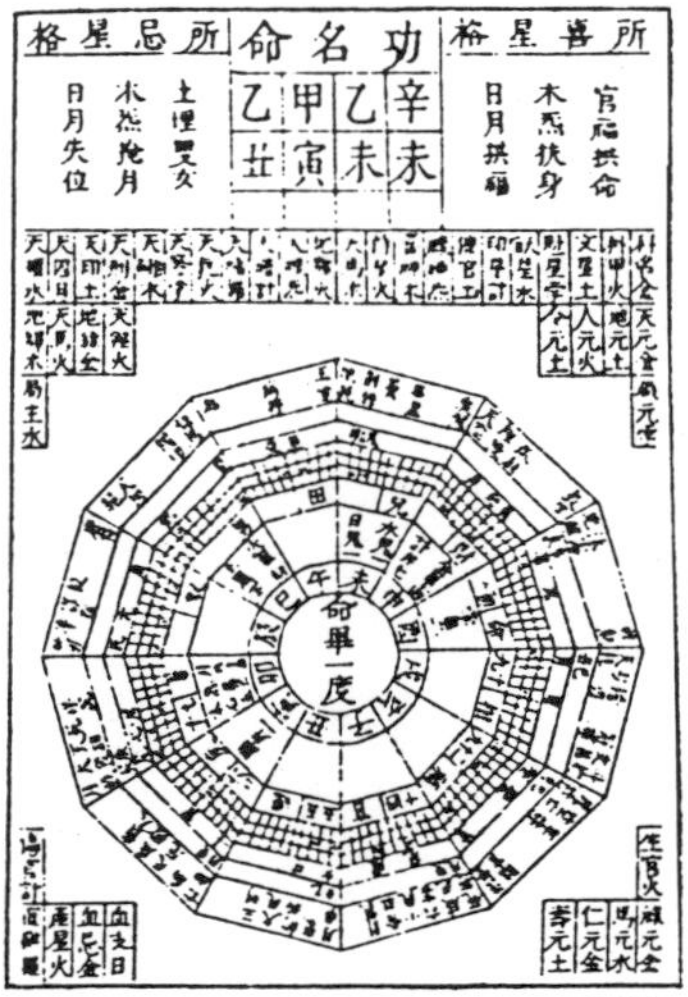

中国人は、伝説、占星術のなかで太陽と月、陽と陰を結び付けている。

ブラザー・サン、シスター・ムーン

エスキモーの神話には、太陽と月は兄弟と姉妹の争いの結果生まれたとするものが数多くある。例えば兄が妹と交わった結果、罰されて天に昇り、そこで太陽と月になったという。だが、どちらが太陽に、どちらが月になるかはしばしば、入れ替わることがある。

ネトシリク・エスキモーは、こんな物語を語る。月は狩人には幸運を、女性には多産を与える。そこで、彼らは月の光を浴びながら寝てはいけないと警告されている。さもないと、妊娠してしまうからだ。このような気候のもとでは、これはだれにとっても賢明な警告だといえるだろう！(17)

ブラジルの月誕生の物語には、また近親相姦のテーマが見られる。兄のほうがそそのかして妹と交わった。名誉を汚された妹は兄の顔を黒く染めた。兄は両親の怒りを恐れて空に逃亡し、残った妹は妊娠した。妹は水鳥、あるいはダニだらけの大きな動物となった。兄は一方、今でも空でその汚れた顔を見せている。(18)

月の愛の炎

アマゾンの物語は、もう少し丁重に太陽と月の婚約を語っている。ただ、残念なことに二人の結婚は実際には不可能だった。太陽の愛は地球に火事を、月の涙は洪水を引き起こすことになるだろうからだ。そこで彼らは別居することにした。しかも、別居にも条件があったのだ。もし二人が接近しすぎたら、地球は水浸しになったり、焦げた世界になってしまう。またもし二人が離れたら、規則正しい昼夜の交替がだいなしになってしまうだろう。だから、太陽と月はお互いに、そして地球とも適正な距離を保っていなければならないのだ。

仏の手のひら

中国の神話では盤古《バン・クー》が混沌から宇宙を創造したことになっている。しばしばこの神は太陽と月をそれぞれの手にもっている姿で描かれるが、もともと、彼は正しい位置に太陽と月を持っていたわけではなく、そのために世界は暗闇に包まれていた。天の時間は、そこで太陽と月を正しい場所において、昼と夜を作るように頼んだ。そして、ついにブッダが割って入った。左手に太陽、右手に月の文字を書いて七度呪文を唱えると、太陽と月は空に上り、昼と夜が分かれたのだ。

「そこで、太陽は月に言った。『いまや、我らの子供らはすべて結婚した。さあ、行こう』『ええ』月は同意した。『参りましょう。あなたは昼を照らしてください。私は夜を照らします』そして彼らはすべての人々を広場に集め、太陽は言った、『わが子らよ、私は去る』月は言った、『それでは、参りましょう』そして二人は空に上った」。

ブラジルのカインガング族は、太陽と月の起源をこんなふうに語る。昼と夜には、両親のような保護者がいると確信しているのだ。カインガング族は、さらに太陽と月がひょうたんを海に投げ込んで人間を創造したとまで言う。二人はときおり敵対するようにも見えるが、ちょうど二つの部族のように相互に依存しており、宿命的に結び付いているのだ。(19)

世界中で伝説は月のことを語っている。南アメリカの物語は、もし太陽と月が結婚したら月の涙が洪水を引き起こすだろうと語る（右頁）。中国人はブッダが太陽と月を空にひきあげたとき、世界が混沌の中から造られた、という（左頁下）。

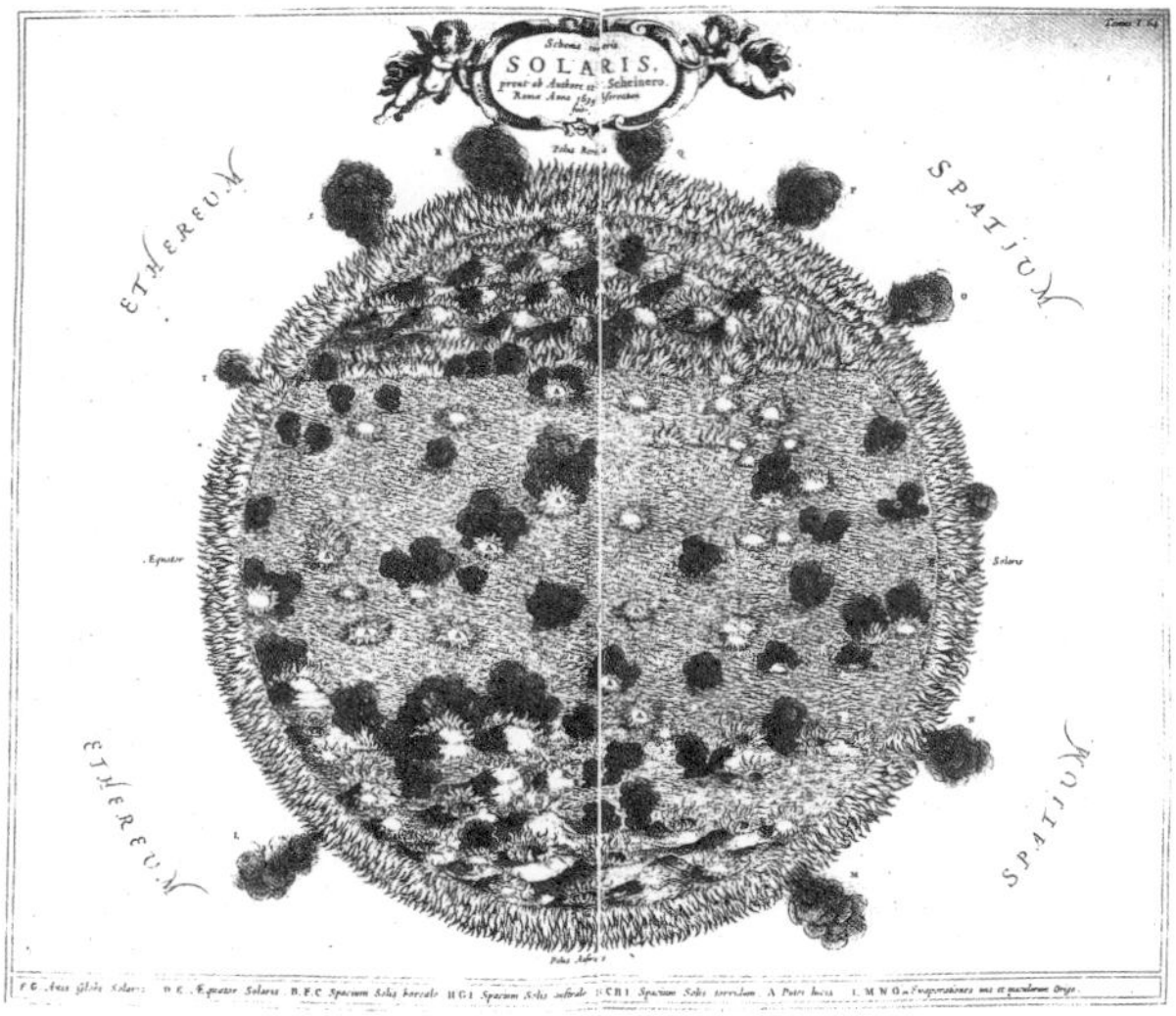

優しい月

「旧き女の孫、インディアンの女の産んだ太陽の息子はかつて大地に巣くっていた怪物を退治した」。北アメリカのクロウ・インディアンはこう語る。彼らは月の優しい影響を信じている。「彼は遠くに行った。北極星は彼だ。この女は月になった。これで終わり」[20]。

かつて、ウェイとカペイ、つまり太陽と月は大の親友であった、と月と経血を結び付けて考えるアレクナ族は言う。月のカペイがまだ真っ白な顔を持っていたときのことだ。カペイは、太陽の娘の一人に恋をし、あまりに頻繁に彼女を訪れるようになった。ウェイは怒り、娘にその経血で恋人の顔を汚すように命じた。以来、太陽と月は敵になった。月の顔には永遠に消えない染みが残り、月はいつも太陽から逃げている。

原初の月

ここにあげたような物語は、月にまつわる伝説のほんのわずかな例にすぎない。月をめぐっては何百もの書物が書けるだろうし、全くきりがないものだ。人生を物語によって彩るのは人類にとって最大の喜びのひとつなのだ。伝統的には、このような物語は朗読ではなく、口承によって語られる。朗読されることがあるとすれば、許されたときのみだった。このような、父、あるいは母と子供を結び付ける努力は、そうとは知らずに行われているが、とても微妙な重要なものである。今日、やっと科学や心理学は伝承や伝説を声にして語ることが、テレビやほかの映像による教育システムではできな

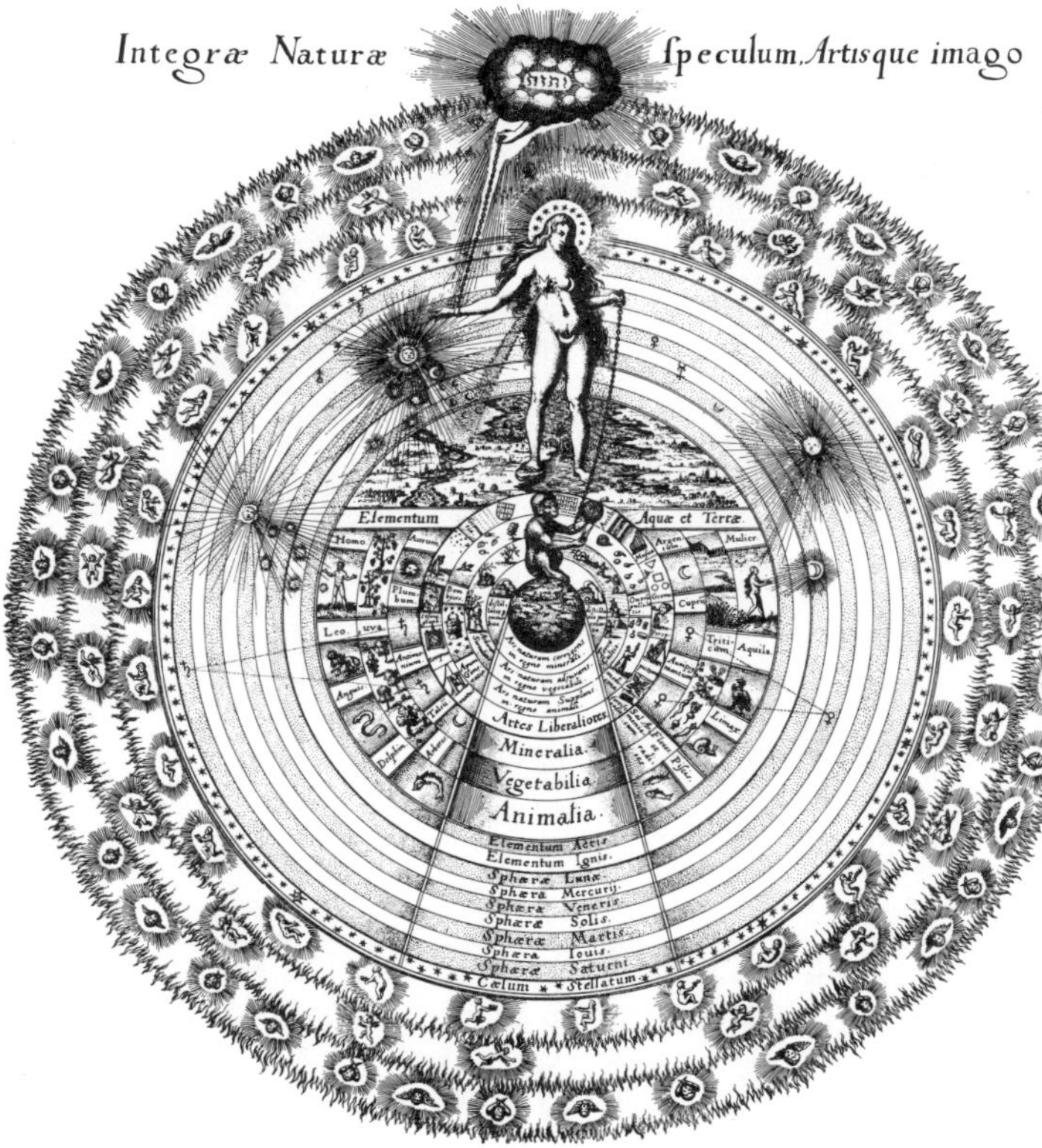

人間は、いつも宇宙を意味づけるべく、世界に形と構造を与える伝説とイメージをつくりあげて来た。

いほど、深い部分の脳の活動に影響を及ぼすことができることを発見し始めた。愛情が結び付けた伝説と声は生命力を幾世代にもわたって継承されてゆく。この生命力が失われたのは、我々の世代が初めてのことである。願わくは、これは一時的なことであってほしいのだが、いずれにしても今の子供たちは伝統の口承の生命力を知らずに育ってゆくことになるだろう。

当然、このような原初の教育は原初の月とも結びついている。月の起源は、これもまた当然のことだが地球の起源とも関連している。インドシナに伝わる話の一つは、どのようにして多くの言語が誕生したかを語っている。

かつて、人類の全員はたったひとつの村に住み、同じ言語を話していた。彼らはあるとき集会を開き、月の満ち欠けが自分たちの生活に悪影響を及ぼしているという点で意見が一致した。窃盗や戦争は新月の期間になると起こっているのだ。そこで彼らは、月を捕らえ、いつでも輝くようにしようとした。そのために、人々は巨大な塔を建設しはじめたのだった。

塔は非常に高いものだったので建設には長い時間がかかった。時が経つにつれ、生活のために塔を上り下りする労を避けるために人はそれぞれの階に住むようになる。そのうちに、それぞれの階の住民は独自の慣習と言語を発達させるようになった。そしてある日、月は人間の計画を知る。月は激しい嵐を起こし、塔を地に引き倒してしまった。人々は地上に投げ出されると、そこに新しい村を作り、それまでの言語や慣習を続けてゆく。またこのときに砕けた塔のかけらが、ビルマとベンガル湾の間を走る山脈になったと言われている。

南アフリカのショナ族も、彼ら特有の起源物語を持っている。

大地の霊ムワリは水淵の底でムウェダジ、つまり月を造り、薬の角杯を与えた。ムワリは警告したが、ムウェダジは乾いた土地に上ろうとした。そこは生命もなく、不毛の地だった。ムウェダジは、そこで不平を言ったので、ムワリはマサッシ（明けの明星）という少女を与え、二年の間妻とするようにした。彼女には火を起こすための道具が与えられていた。二人は洞窟で火を起こし、そのかたわらで眠るようになった。ムウェダジが指を角杯につっこみ、少女の体にふれると、少女は草、藪、樹木などを生み出した。これら植物が成長すると、雨も降るようになった。

ムウェダジとマサッシは幸せに暮らしたが、二年たつとマサッシは水淵に帰らなければならなくなった。そこでムワリはモロンゴ（宵の明星）をムウェダジに与え、再び二年の間妻とするようにした。また、二人は霊薬の角杯からお互いに塗油し、モロンゴは動物を、そしてついには人間の子らを産み出した。

こうしてムウェダジは祖先たちの王となった。が、すぐに干ばつと飢饉が大地を襲い、人々は占いの骨にお伺いを立てることになった。骨は、王を水淵に返すように、と告げた。ムウェダジは絞殺され、モロンゴとともに埋葬された。その日以来、彼は今日まで水たまりに入れられている。[21]

月がもともと首長であったという観念は、ニューギニアの異教にも存在する。

彼らはさまざまな種類の精霊を信じているが、とりわけ重要なのは天の精霊、すなわち太陽と月であった。天空はちょうど人間のように考えられており、いつも太陽と月という松明を、天の首長が持っているのだとされた。この天の首長は、季節の変化から言語、さらには婚姻の規則までを司るという。原住民たちは天体に食物を捧げ物として差し出す。捧げ物は数時間のあいだ放置されるが、この間に太陽と月はその「精髄」を食べ、その後に残ったぬけがらの物質部分（！）を地上の長老たちが食するのだ。(22)

ヤナ族の語るには、大昔には夜というものはなかった。そのころ、天の住人として三つの家族があった。まず、虹の親子（父と息子）と雨を造った伯父。次に月とその妻、そして娘である星々。最後に太陽夫妻とその娘である流星たちである。

若者であった虹は、月の娘の一人、明けの明星と結婚したいと思った。しかし、月は太陽に頼んで娘の結婚相手の候補に試練を与える。候補者は、太陽が課す恐るべき試練のために必ず命を落としている。しかし虹は嵐の主人である伯父の助力を得て太陽が課す試練をくぐり抜けることができた。月は激怒し、虹を滅ぼそうとする。が、虹はまたも勝ち残り、月の娘たちとともに天に送ったのである。こうして月は死ぬが、それからずっと周期的な復活を繰り返している。(23)

月の満ち欠け

現代人にとって月の満ち欠けはごく当然のものとみなされるようになった。生活の魔法に満ちた側面と同じように、科学や合理的な解明によって、かつてはたたえていた秘密の匂いを失ってしまったのである。昔の部族たちは、その情緒や心の動きにもとづいた、ずっとおもしろい説明を生み出していたのに。

たとえば、カペイ族は月の満ち欠けをこんなふうに説明する。月には、かつて二人の妻があり、一人は東に、もう一人は西に住んでいた。月は、一方から一方へと移動を繰り返していたのだが、一方の妻はよく月に食べ物を与え、もう一方は彼を無視していたのだった。そのために、月は太ったり痩せたりを繰り返している。女というものは嫉妬深いもので、一緒にはならないものだ。だから、この状況が変わることは将来もないだろう。

もう一度繰り返すが、現代人が自明のこととしていることでも、古代人はそこにロマンスを感じて

三日月の形の角を持つ牛は、月の属性をもつ動物とされて来た。

いる。我々は昼と夜が交互にやってくることを知っているが、かといって過去も人々がずっとそれを知っていたという訳ではない。昔にはただ闇があるばかりだったというものもいるし、また光だけがあったのだという人もいる。しかし、どちらにしても、人間が生きるにはこのような状況は変わる必要がある。ユパ族の場合には、かつては光だけがあったと信じている。彼らが言うには原初には二つの太陽があり、一方が沈むともう一方が昇るので、永遠に昼が続くのだった。

しかし、あるときコペチョと呼ばれる女がやってきて太陽の回りで踊り、一つの太陽を誘惑した。太陽は女に近寄り、そのまま真っ赤に燃える炭のなかに入ってしまった。このとき、太陽は月に変わってしまったのだという。この時以来、昼と夜が交代するようになった。また、月はコペチョに怒り、彼女を池のなかに投げおとし、カエルにしてしまった。

聖なる月

ムハンマドに関する物語で最も有名なのは月にまつわるものだ。賢者ハビブは、ムハンマドに月を

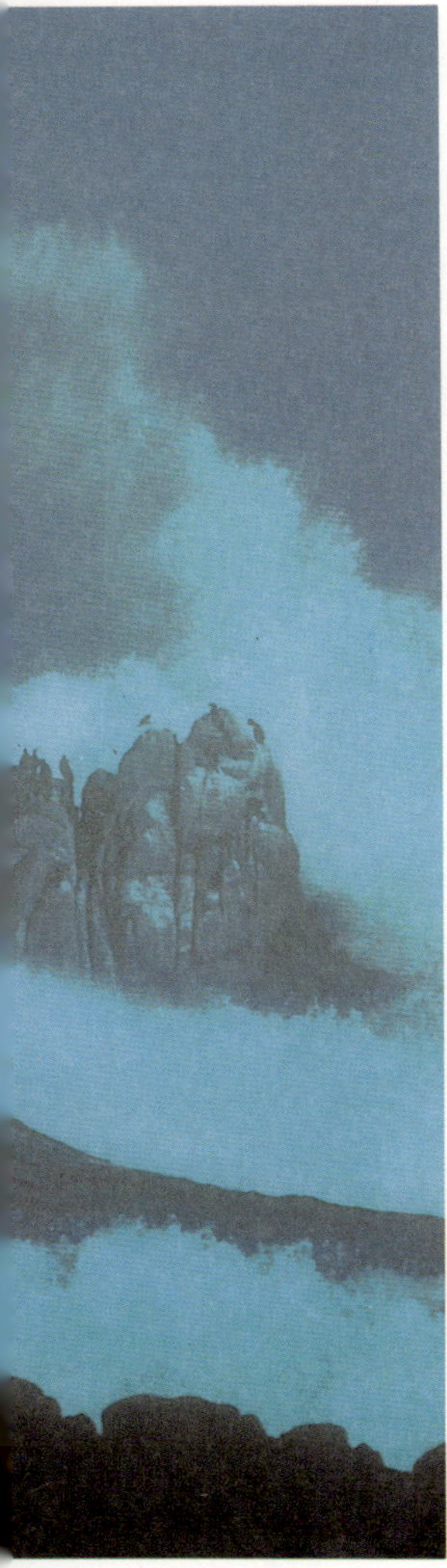

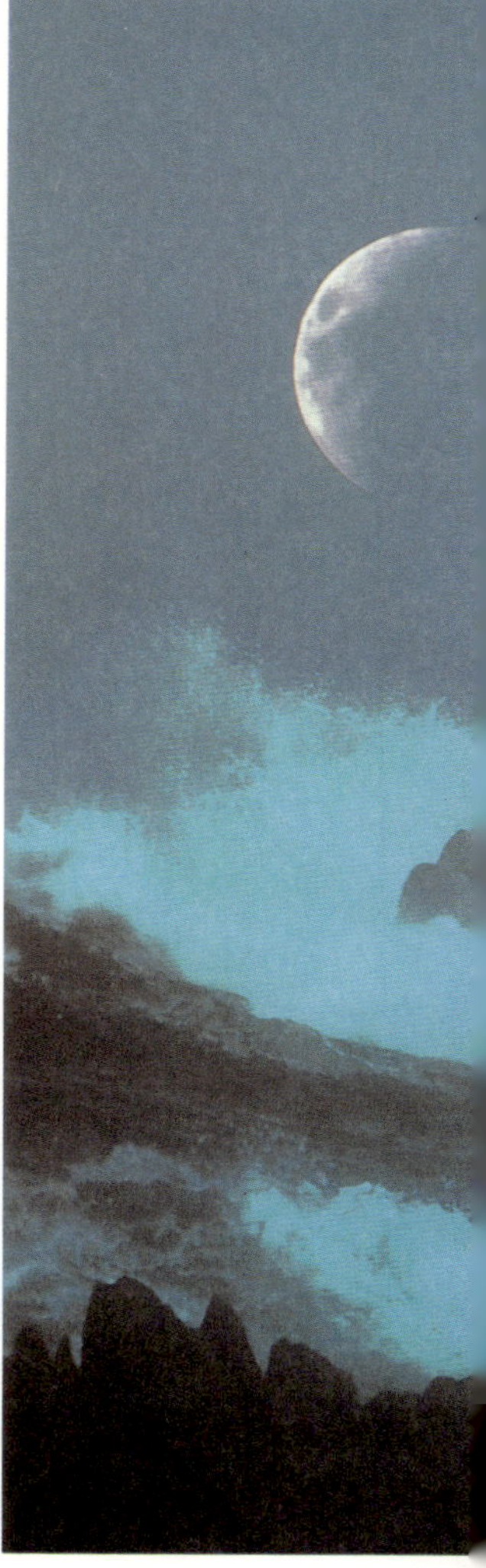

割って自分の力を示せと言った。ムハンマドは天に向けて手を広げ、月に命じた。月はカアバ山の頂上（現在メッカの大モスクの中央の石のあるところ）に下り七度周回し、ムハンマドの右の袖から入って左の袖から出て来たかと思うと今度は襟の部分から入って服の裾から出て来た。そして月は二つに別れ、再び一つになるまで東西の空で見えた。

また、仏教徒は太陽と月は三種類の道にそって旅をしているという。ヤギの道を旅しているときには、雨が降らない。ヤギは水を嫌うからだ。また象の道を旅するときには雨が降る。なぜなら象は水を愛するから。また彼らが牡牛の道にまで上ったときには熱と降雨はほどほどになる。また月は銀の外壁でできた宝玉の宮殿に住むという。それらは両方冷たいからだ。[24]

今から二五〇〇年ほど前、現在イラクと呼ばれている平原――チグリスとユーフラテス、そして人工の運河によって肥沃になった土地――の人々は月をシンと呼び、天空の神々の主神としていた。シンは生命を生み出し、時間を支配し、そして罪人を罰した。また太陽であるシャマシュ、金星イシュタルを生み出した。その神性は、彼らが言うには、「天の高みのごとく、恐れで海を満たす」のだった。[25]

信仰の中心地はウルの町で、ここで今世紀初めに考古学者ウーリィはどっしりとしたジグラットを発掘した。これは前二一二〇年ごろにウル‐ナンム王によって月の神に献じて建設されたものである。アブラハムはおそらくウル出身だとされるが、彼がジグラットで行われていた月の儀式を見たことがあったのかと思うと、楽しい気持ちになる。

新月の女神

月への信仰、月の神話、伝説はどんな伝承の物語よりも古いものだ。太陽は恒久なるものを表すが、月は変化と変容、生命の神秘を表すのである。

古代の人々は月の満ち欠けの科学的な説明を知ることはなかった。ただ、月が天空を横切り、そしていつも変容を繰り返している事実そのものが、月がそれ自身の意志をもった神、あるいは女神であることのしるしだった。誕生、成長、衰微、死のすべてが一ヵ月の間に、誰の目にも見ることができるのだ。

過去数年間、ことに合衆国では女神信仰が目立つようになってきた。これは、ひとつには女性復権運動から派生したものだが、しかし、よりひろく、一般的な現代の組織宗教への幻滅、そして科学と技術の実用性や陳腐さに対する幻滅から出て来たものでもある。宗教も科学も最近ではあまりにも多くの害を人類になしてしまった。そこで人類は再び神秘を希求しているのだ。

女神運動は大地、故郷、男女の影響力、かつての大地や人々の地球観、星の見方、月への見方などの復興にかかわっている。ロバート・ブライのような作家に唱導される非常に新しい男性運動においてさえも、合理性によってながらく抑圧されてきた自信を取り戻すために、再び古代の儀式・伝説の領域が見直されている。

地球はかつては大女神であった。それは母なる大地、すなわち収穫の与え主にしてすべての生命の母、存在のサイクルの中心点であった。月はそのすぐ近くにある。もう一人の女性、もう一人の与え主である。月はこの地球を潮流で洗い、収穫を助ける。一見、荒々しい犠牲の習俗をもつ異教の信仰は、キリスト教の時代より、そして現在よりもっとずっと人類が大地とかかわっていたことを表している。

第3章　女神の月

純潔と美の、女王にして女狩人よ
いまや太陽は眠りにつく
いつものごとくなれた様子で
御身の銀の座に身を沈めて
ヘスペリデスは御身の光を乞い求める
女神よ、御身のすばらしき光を(26)

イシス、ディアーナ、セレネ、ヘレン、ハトホル、アルテミス……。古代文明の中では、月をその力と影響力の源とする多くの女神たちが生み出されて来た。彼女たちの精髄《エッセンス》は、まさに月そのもの。精妙にして強い力を生命に及ぼしている。月の女神たちが月と同じく、さまざまに異なる姿に変じて

◀「彼女は夜の美しい瞳……」セレネ、古代ギリシャの月の女神。

月の天空的な美を映す優美なダンスから夜の女狩猟者まで（一〇一頁も含む）。月の性質は、女性の性質そのものだとされてきた。そして、多くの月の女神のかたちが創造されてきた。

ゆくのも、それを思えば驚くべきことではない。

ある女神たちは純潔で処女を守るが、多産で豊かな生殖の力をもっている女神もいる。また「他界」「死の世界」の深淵を表す女神もいる。女神たちは時に恐れられたり、時に崇められたりもする。しかし、最後にはいつも月の女神は自らが表す本来の事象に立ち戻ってくる。つまり、変化・変容・神秘・創造、に。

女性性の一つの象徴として月を配属物とする女神も多いが、月ともっと独占的な結び付きをもつ女神もある。彼女らは、その恵みを我々死すべき人間に与えるべく、月を地上に引き下ろすのだ。

イシス、ミイラ製作と動物

女神イシスはエジプトの母として知られている。イシスは母なる女神の美しい不朽の顕現であり、また月の女神・海の女神でもある。彼女をめぐる神話は紀元前三〇〇〇年にまでさかのぼり、たぐいまれなその女性性を物語っている。やがて実質的な宗教性を失い、現地の女神崇拝欲求に沿うように変形されたとはいえ、イシスは一世紀にいたるまで、ローマ世界で広く崇拝されたのだった。

イシスの物語は彼女と夫のオシリスがいかに見事に、そして巧みにエジプトを治めてきたかを語っている。一方イシスは女たちに糸つむぎ、耕作、治療の技術を教えた。しかし、オシリスがその荒ぶる兄弟セトに殺害され、イシスの心はひどく痛めつけられる。セトはオシリスの遺体を海に投げ込んだ。それが打ち上げられたときには、セトは今度は遺体を切り刻んでしまう。それでもイシスは長い探索の果てに夫の遺体を捜し当てたのだった。彼女は体の部分をすべて集めたが、たった一つ、男根の部分だけが見つからなかった。そこで、人工の男根を造り、体のほかの部分とつなぎあわせた。こうして最初のミイラ製作の儀式が行われ、オシリスは永遠の命を得たのである。

二つの牝牛の角の間に挟まれた円盤（月）であるイシスの王冠は、エジプトの儀式を描いた『クレオパトラ』のような映画のなかで見ることができる。イシスは月の再生を反映しているわけだ。彼女の崇拝者アプレイウスは、作品『黄金のロバ』のなかでこのように描写している。

「我は万物の母、すべての元素の女主人にして支配者、世界の最古参のもの、神々の主、黄泉の国の女王、天に住むものを統べるもの、あらゆる神々、女神の唯一の顕現形なり。天の星辰、大海原の波々、冥界の悲しみの沈黙は我が意のままとなる。我が名、我が神性は世界中で、異なるかたち、異なる方法で、そして異なる名で崇められて来た」。

女神の眷属となる動物の力も、神話のなかに繰り返し現れるテーマである。人類は友である動物たちと友に暮らし、つねに関わってきたからだ。シャーマンの司祭は動物に変装し、トランスの状態では、愛する動物に変身するとさえ言われている。

古代エジプト人は猫が月の動物だと考えていた。猫の胴体をもつ、あるいは猫頭の女神バストは妊娠中の女性に対する月の影響力を表している。彼女の息子は月そのものであるとされ、月は女性を懐妊させ、かつ子宮のなかの人間の精子を月光によって活性化して育む力をもっているという。

エスキモーの神話では月は「古き女」、あるいは魅惑的な貴婦人セドナの住まいである。セドナは

▲「我が意のままに空の星々、海を渡る風、地獄の恐るべき静寂も我が意に従う」イシス、エジプトの母なる女神。

◀セレネの眠れる恋人エンディミオンは月に、生命を与える光を投げかける太陽の寓意である。

▲エジプト人は夜の生き物、猫を月に結び付けて来た。
◀聖処女マリアは出産の守護者、癒し手など古い月の女神の性質をたくさん身につけて来た。

アザラシの所有者であり、もし人が罪を犯しセドナを怒らせれば、彼女は生活の糧である海の恵みを与えるのを止めてしまうだろう。

神々の母

あらゆるかたちの神の母は、男が地上の女たちに感じる慈愛と恐怖を合わせ持ったものであることが常である。もちろんそれはメタファーによって表されるものであり、人間の息子・娘たちに対して大きな力を奮うことで示される。

古代インカでは月であるママ・クイラは至高の女神である。彼女は太陽が男性的なものすべてを支配しているように、女性的なものすべてを司っていた。彼女は女性の崇拝対象であり、インカ文明後のアンデスでも出産・妊娠に助力するよう祈りを捧げられていた。しかし月、太陽の姉妹であり妻でもある月はまた恐れられてもいた。蝕が起こるときには、自分が消失する事への激怒のあまり、女たちの糸つむぎの道具を悪獣に変えてしまうこともあった(27)。

現代人にとってさらに、よくも悪くも名高いのは聖母マリアである。マリアは、至高の月の女神のひとつであり、多くの古代の太陽と月の信仰と混交しあっている。マリアは伝統的に育成の力の現れである出産、穀物の成長、癒しを求めて祈りを捧げられて来た。初期の教会では、アムブロシウスとアウグスティヌスが太陽をキリストに、月を教会に見立てているが、のちにマリアには月が関連づけられるようになり、すべての月の象徴とイメージをマリアはまとうようになる。法王イノセント三世は罪人たちにこのように語っている。
「罪と邪悪の陰に入りたる者は月を見上げよ。恵みを失い、陽の光が消え、これ以上はない大罪を犯そうとも、月は地平線にかかる。罪人に月に祈らせよ。月のもとで、毎日何千もの人々が神への道を見いだしている」(28)

月の女神であるマリアはまた、海と潮汐も司っている。なんといっても彼女の名はラテン語の海、メアから来ているのだから。そういえば確かに、彼女は海と空を表す青い衣をまとっている。

女神の古典神話

力強い狩人は、三日月を見上げる。
かすかな光を、狩人のねらう獲物に投げかける、
美しき天の放浪者にその心を魅せられて。
光線を投げかける女神はニンフをひきつれ
草地を越え、暗い森をわたり……
風が強く吹き渡り
追い来る嵐が吹いて、月と星は
雲のかかる空で瞬く、

(ウィリアム・ワーズワース「エクスカーション」)

アルテミスの、たくさんの乳房をもつ像は月の女神の豊饒の相の、見事な表現である。

長い間、広く拡がっていた。

「月の女神」。——セレネとエンディミオン、月と太陽。

月の女神ディアーナの崇拝に

古典神話では月は多くの名前と人格を与えられている。月の出、月の入りの前にはヘカテであり、三日月のときにはアスタルテであり、天高く上ったときにはディアーナ、あるいはシンシア、さらに太陽であるポエボスの妹とみなされるときにはポエベとなる。月はまた眠れるエンディミオンの恋人セレネ、あるいはルーナとしても人格化される。

またセレネとしては、天の美しい月の女神である。

「彼女は夜の美しい瞳だ……太陽のように、柔らかな光を地になげかけながら、彼女は白馬に曳かれた戦車に乗って天を横切ってゆく。彼女は女狩人、ゼウスの花嫁、夜空を淡く照らす宝珠……彼女は白羊に姿を変えたパンに、深き森の中で誘惑された……柔らかな風が吹き、月の前で輝く雲をなびかせ、月を暗き森に導く」(29)

セレネは羊飼いエンディミオンを始め、十五人もの子供を生んだ。空を横切って旅する月の運行は、眠れる恋人を尋ねるセレネの路行きである。「月の女神はひととき、夜の旅の足を止め、眠れるエンディミオン、沈み行く太陽に接吻する」(ウィリアム・ホワイト。P・カトゼフの著書より引用)ある物語はゼウスがエンディミオンに永遠の生命と若さを与え、セレネは毎夜彼を抱擁するために地上に降りるという。

「月はエンディミオンを眠らせた

そして、再び目覚めさせることはない[30]」。

「ああ、三日月の彼女が上る！　彼はそれを見る。かの女、彼の女神そのもの。大地よ、海よ、大気よ、痛みよ、煩いよ、苦痛よ、さらば。愛以外の、すべてにさらば！　こうして彼は月に躍り出し、目覚める……

そしてポエベは、彼にむかって三日月形に身をかがめてゆく……[31]」

蹄はふたつのCの文字を背中合わせに組み合わせたかたち、つまり初期のギリシャの写本でのセレネの象徴に見える。そこで古代ギリシャでは蹄のある動物は月に献じられていた。またこの象徴は月の満ち欠けのサイクルを二分したものに見える。蹄のある動物はそのため新月の祭りのときに、横腹にセレネの記号を焼き付けられていけにえにされた。

セメレはセレネの初期ギリシャ版である。アテナの「野生の女の祭」の際には雄牛が九つに切断されて女神に捧げられた。そのうち一片は焼かれ、残りは生のまま信者によって食された。また、そこでは九人の女司祭がこの饗宴に参加した。ギリシャ神話ではヘラクレスの第一の難行は金属や石の武器では歯がたたないという、ネメアの獅子を退治することだった。この恐るべき獣は、セレネから生まれたものだと言われている。セレネは、「恐るべき振動とともに、それをトレトゥス山に生み落とした。……不十分な捧げ物の罰として、彼女は自らの民を犠牲にすべく、それを遣わしたのだ[32]」

奔放なパンもまたセレネと関連づけられている。彼はその山羊の姿を雪のように白い羊に変えて彼女を誘惑したことがある。セレネは誘いにのってパンの背にまたがり、望みのままにさせた。これはおそらく、メイ・イヴの際の、月光の狂宴を表しているのだろう。五月祭の乙女の女王は「緑の森の」結婚を果たす前に、男の背中にまたがるのだ。

この古代の女神は非常に深く月と関連しているゆえに、のちに月の科学を表すセレネロジーという言葉にその名を貸すようにまでなる。

アルテミスの混乱

古典神話のセレネと並ぶものにローマのアルテミスとギリシャのディアーナがある。この物語はしばしば混乱している。崇拝者が移動すると、その好みに合わせて一方の女神がもう一方の女神に同化していったのである。アルテミスとディアーナにはたくさんの共通の性格があり、時としてこの二つを区別することは非常に難しい。彼女らはともに「貞節と純潔の」女狩人、新月の銀の弓を手にした処女の乙女として知られる。アルテミスはアポロの双子の姉妹であり、この二人はともに突然死を与えたり、癒したりする力を持っている。アルテミスは幼い子供たちと幼い動物の守護者であるが、また彼女は狩り、ことに鹿狩りを好む。まだ彼女が三歳だったころ、父ゼウスが何が欲しいか聞いたところ、彼女は永遠の処女性、アポロが持つような弓と矢、光をもたらす力、赤い縁のついたサフラン色の狩衣、彼女の猟犬の世話をする六十人の若い海のニンフと二十人の川のニンフを望んだ。これらすべてを彼女は手にした。彼女が手にする銀の弓は、新月を表している。

アルテミスは狼皮で覆われた、三日月型の純銀の玉座に座している。新生児をもつ母親たちの面倒を見るのは好きだが、結婚という観念を嫌っている。彼女は狩猟と釣りを愛し、月光に照らされた池で泳ぐのも好んでいる。もし人間が彼女の裸体を見たなら、彼女はその男を鹿に変えて狩り殺してしまうだろう。彼女は、処女を貫く女神ではあるが、あるとき人間のなかで一番の美男でもっとも賢明な狩人のオリオンに恋したことがある。アルテミスの兄弟アポロはこれに嫉妬しオリオンに巨大なサソリを差し向けた。オリオンは勇敢に戦ったが、サソリには敵わず、海に逃げ込んだ。アルテミスがやってきたとき、アポロは遠くに見えるあの男が彼女の巫女の一人を冒瀆した男だと告げた。アルテミスはその弓矢で標的にねらいを定め、その人影を打ち殺した。

自分の愛する男を殺すという恐ろしい過ちに気が付いたアルテミスはこのとき、永遠にサソリに追われるオリオンを星座としたのだった。それは、人々にアポロの嫉妬と虚偽をいつまでも思い出させ

ディアーナ、狩猟の貞節な女神。

続けることになるだろう。またこの神話はなぜ月光がアルテミスの矢と呼ばれるのかを説明している。

しかしこのような処女の貞節なアルテミスはこの女神のひとつの相でしかない。エフェソスなどギリシャのほかの土地では彼女は狂宴のニンフである。パトラエでは、彼女は「野生の貴婦人」として崇拝される。メッセネでは生贄が彼女のために焼かれた。ヒエラポリスでは彼女の神殿のなかの人工の森で、木に犠牲が吊り下げられた。

もっとも有名なアルテミス神殿（ディアーナの神殿と呼ぶ者もいる）はエフェソスのものだ。ここでは彼女はドングリの首飾りをつけており、森との古いつながりを示している。また彼女は偉大な古代の母女神キュベレのような、塔状の冠をつけている。

アルテミスは処女の女神とはちがって、出産の女神でもある。エフェソスのアルテミス像には、「アスキ・カタスキ・ハイックス・テトラックス・ダムナメネウス・アイシオン」（Aski. Kataski. Haix. Tetrax. Damnameneus. Aision.）と彫られていたという。これはおそらく「闇・光・彼自身・太陽・真実」（Darkness-Light-Himself-the-Sun-Truth）といったようなことを表したのだろう。どこか、神秘的ではないか。エフェソスのこの文字の写しは強力なお守りとして持ち歩くものも多く、古代の魔術師たちによって悪霊を追い払うのに使われた。

アルテミスという名前は元来、「高みの水源」に由来するのかもしれない。これは、月が海を支配していることを表すのだろう。そしてまた、彼女が物理的な潮汐も、心霊的な力の潮汐も、女性の月経もすべてを支配していると信じられていたに違いない。我々は月の女神の信仰ははるか過去のもの

だと思いやすいが、しかし現在、「女神運動」は盛んになってきている。工業化社会が我々の住む、この惑星をまさに破壊しようとしているその一方では、人々は「万物はつながりあっている」という古代の知恵の回復に向かっているのだ。

アルテミスはスパルタでも信仰されていた。物語のなかでは、二人の若い王子がもっとも太いヤナギ(月の聖なる樹木)のなかに入り、女神の木像を発見したという。その光景のあまりの恐ろしさのため、二人は正気を失った。これ以来、スパルタの少年たちは像の前で、だれがもっとも鞭打ちに強く耐え抜くことができるかを競うようになった。これは恐らく鞭打ちが浄化の方法とする観念と結び付いているがゆえの話だろう。かつて鞭で打つことは「狂気《ルナシイ》」への対処法ともされていた。

スパルタではまた、アルテミスへの人身供犠も行われていた。あるとき、祭壇で同時に犠牲を捧げる志願者同士の争いが起こったといわれている。多くのものは聖域で殺害されたが、残りの者も伝染病ですぐ死んだ。ある神託は、アルテミスをなだめるには祭壇を人間の血で濡らすことしかないと告げていた。そこで人々は犠牲をくじで選んだのだった。この儀式はリュクルゴス王が、少年の体を血がにじむまで鞭で打つという、より文明化した方法に改めるまで毎年実行されていた。しかしその後も、血の味を覚えた像の前で、巫女たちはもっともっと血を流させるよう鞭打つ人たちに迫ったという。

次にあげるのは女神の「暗黒の相」である。ギリシャ神話は女神を月の三相にちなんで三つの異なる形に描く。つまり、満ちゆく月としての若い処女、満月の豊饒の母、そして欠けゆく月の恐るべき老婆である。

ヘレンとヘレは月の女神の地方類型である。「狂乱の」状態にあるアフロディテは、月と関連づけられる。彼女の巫女は女が父親や夫に従属するという父権制を見下していた。また、愛の追撃という、月にふさわしい要素をもつネメシスもニンフとしての月の女神である。

彼女はゼウスに追い求められたというが、古い神話では彼女がゼウスを追ったことになっている。ゼウスはさまざまなものに変身して追撃を逃れようとしたが、彼女も変身して追い続けた。これは夏至に彼女がゼウスを手中にするまで続いたという。これは、なぜ月が何度も姿を隠すのか、のヒントになるだろう。

千の船を出発させたトロイアのヘレネは、多くの月の女神の古い類型のひとつだった。

「我らは月の子供、我らは輝く光から生まれた」。

ローマのアルテミス、ディアーナ

狩猟と月の女神であるディアーナは、ローマのアルテミスに対応する。ディアーナはジュピターの娘であり、その語源については dies、つまり「日」から来ているというものもあれば、輝きとかまばゆさを表すインド－ヨーロッパ語の di にあるという者もある。これと符合してケルト語の dianna と diona も、神的なことや光輝を意味している。多分、この混乱はディアーナ崇拝が非常に長期にわたって続いた事実に起因するのだろう。間違いなく言えることは、ちょうどディアヌスが太陽の光の神である一方で、ディアーナが月を表しているということだ。アルテミスは多くのものを表す普遍的な女神だが、何にもまして月と関わる女神なのだ。

ディアーナはアルテミスと同じく独身を貫いている。彼女は母親が労苦のなかでの痛みに苦しんだのを見てしまったからだ。また彼女は出産時の女たちを守り、同類の処女のニンフたちを連れ立って狩りに夢中になった。おそらく、彼女は元来森の女神だったのだろう。

アリカには名高いディアーナのカルトがあった。森のなかにアルテミスの神殿が建てられ、森の男神とともにディアーナは崇拝された。ここでは、森の中の特定の樹木の枝を採り、また祭司と決闘して殺害した闘争奴隷に祭司職を与えるという風習があった。だがディアーナがアルテミスと関連づけられるようになるにつれて、しだいに強く月の性質を担うようになっていった。

ディアーナの神殿(アルテミスの神殿を兼ねることもあり、アルテミス自身の神殿のこともある)は世界の七不思議のひとつに数えられる。その神像は天から落ちて来たといわれる。神像には多くの乳房があり、豊饒と母性の強力なイメージとなっている。ディアーナの宗教は古代ブリテンでは非常に重要なものだった。彼女はトロイ陥落後、ブリテンに逃れて来たトロイの王子ブルータスを導いたとされている。今日も残る聖なる遺物ロンドン・ストーンは最初にディアーナに献じられた祭壇であったとされ、その神殿は今でもバースに残る。ロンドン神殿はブルータスによって、おそらく現在のセント・ポール寺院のある場所に、感謝のしるしとして建てられた。

錬金術師たちもディアーナに思いを寄せている。銀は彼女の金属だ。新月の夜に銀のコインをひっくりかえすという古い習慣は、月の女神の信仰の遺物なのだ。このような連想は幾世紀も続き、しばしば「古き宗教」、魔女術ともつながってきた。そして、さらに近年にもこのことを示す例がある!

ディアーナについての話題は、もともとの形とははるか離れた一九世紀のおとぎ話で閉めることにしよう。この話は夜に出会えるもの（go bump）がすべて月に関連づけられてきたことを示している。星々の偉大な精霊、かつてこの地に住んだ人々、旧き巨人、岩に棲む小人など、万物はディアーナによって創造され、毎月一度菓子を焼いてこの女神を崇めて来たという。

その昔、貧しく、両親もいないが善良な若者がいた。ある夜、若者は人気のない所に座っていた。そこは美しい場所で、彼はそこに何千もの白く輝く小さな妖精たちが満月の光の下で舞っているのを目にした。

「ああ、妖精たちよ、あなたがたのようになりたいものです」若者は言った、「心配事もなく、食べ物もいらない。あなたがたは一体何物なのです？」

「我々は月の光芒、ディアーナの子供」、ひとりの妖精が答えた。

「我らは月の子、
我らは輝く光から生まれた
月が光芒を投げかけるとき
それは妖精のかたちになる」

「あなたは我々の仲間、なぜなら、あなたは我らが母ディアーナの月が満ちるときに生まれたのだから。そう、我らが兄弟よ、あなたは我らの種族の一人なのです」

妖精たちは、この若者が満月の日に生まれた子供なので、満月の夜にポケットのなかのお金を触れて、次のようにいうだけでよいのだと語った。

「月よ、月よ、美しい月よ、
いつまでも我が愛しの月であれ
そしてその金を倍にするようにあれ」

しかしある時、この魔法は効かなくなった。若者は月に理由を尋ねた。輝くエルフが現れ、彼に言った。あなたは働くことも必要なのです。

「意欲は食べることと切望することから生まれる。利益は労働と貯蓄から来たる」(33)

こうしてこの物語は、ヴィクトリア朝用道徳の教訓で終わっている。

初期の神的な女のかたちに始まり、多くの女神の名前をまといつつ、月の女神の系譜はこのように続いてきたのだ。

彼女の力、影響力、美は、天の女王である聖母のなかにまで現れている。そして我々の無意識のなかにその存在が認められる。月、変化、豊饒、神秘……これらを区別し、切り分けることができるものなどいようか。

月の魔法の周期

たしかに彼女は知っている
正直にいえば、月とは
巡り巡る媚薬
神の力で世界に子供を殖やす
媚薬にほかならぬことを(34)

月の女神は出産の保護者、地上の潮汐の法則を作るもの、生命の潮流である。見えない臍の緒が、我々とこの最も近い天体とを結んでいるようだ。時代を越えて人々は女性の月が生殖力に影響し、誕生と死の時間を定めるとされた。誕生は満月のころに起こり、死は月が欠けるときに起こるという。

古代から我々は動植物、水のサイクルは月と近しい関係があることを知っていた。生殖と母性という最大の神秘が月と結ばれていても不思議はない。実際、月は毎月のように自身を生み出しているではないか。

月と「月経」

月は、女性の月経周期を支配していると言われている。月経は、事実、「一カ月ごと《マンスリー》」を意味し一朔望月［訳注・月が新月から始まって満月をへて、さらに新月に戻る平均二九・五日の周期］ごとに起こる。月経の平均的な周期が満月から満月に至る期間に当たるのは偶然ではない。世界中の女性の月経が、朔望月上の同じ日に起こるわけではないが、一方で月経の「周期」がカレンダー上の日付と一致することもほとんどない。自然は人間の発明品などかえりみないものだ。人工の明かりや化学薬品のなかった古代には、女性たちは月の影響を受けて、世界中でほぼ同時に排卵と月経を繰り返していたといわれている。現代のある種の共同体では女性がひとつの集団で暮らすと、まるで何か隠れたリズムと同調するかのように、数日の誤差の範囲で同時に月経が起こるようになることが知られて来た。この期間、ある社会では女性たちはそろって隔離された場所に移る。今日アメリカでは「月の小屋《ムーン・ハット》」を利用する女性たちもいる。自身を不浄だと考えるからではなく、共に生命の神秘を祝福するためにそこにこもるのだ。その女性たちは、「月の時《ムーン・タイム》」に集まり、大地の「大いなる母」とつながり、自分たちの「月の時」が大地、豊饒の源泉のなかに戻って休息し、神性との絆である自身の体を通じて大地のパルスを感じるのだ。

　　子宮は卵巣を揺り動かし

月はどこへ向かうともなく、
木から放れゆく。(35)

ギリシャに目を戻すと、アリストテレスは月経は月が欠けるときに起こると言っている。彼は女性の月周期と朔望月との一致から、このように書いている。「人間は魚の子孫である。……では、女性の二八日の周期は、まだ生命が潮汐と月に支配されていた時代のなごりだとはいえまいか」。もしこうした信仰が時代遅れだというなら、現代的な証拠は何だろうか。

スイスのノーベル賞受賞者スヴァンテ・アレニウスは一一、八〇七人の月経周期を記録している。そのデータから彼は月が欠けて行く期間よりも満ちて行く期間のとき、ことに新月前の夜に出血が始まる傾向があることを発見した。他の研究はこれを裏付けたり、否定したりしている。女性の周期と月の周期の類似は、さらにさまざまな論議を呼んでいる。それは単なる偶然の一致にすぎないという科学者もいて、女性の周期は月の周期とは一致しないというものもいる。

しかし大がかりな調査は平均的な女性の周期は二十九・五日であることを示しており、これは一朔望月の期間とほぼ正確に一致する。

その理由は何なのだろう。ある仮説によれば暗い期間にはメラトニンと呼ばれる物質が作り出され（夜には五倍も）、これがホルモン分泌を抑制するのだという。この説によると、女性の周期は、月光を吸収しながら何年もかけて作られて来たことになる。これは魅力的な説で、一面の真理があるように思われる。しかし、この説は、なぜ、ある種の動物が、同じように月の影響をうけながら同じリズムを持っていないのかという疑問を生じさせる。たとえば羊の月経周期は十一日であり、チンパンジーは三十七日である。ちなみにオッポサムは、人間と同じ周期をもつ数少ない動物の一種だ。

しかし、このような疑問もすべての人を思い止まらせるものではなく月の周期にもとづく避妊の多くの試みがなされてきた。チェコスロヴァキアの科学者ユージン・ジョーナスは排卵のタイミングが月と結び付いていることを確かめ、またこれはその女性が生まれたときの月相と一致するとした。(36) これを受けて彼は月の位相による避妊チャートを実践するシステムを開発したのだった。それは、九八

パーセントの効果をもっと主張された。もっとも他の産科学者は否定しているが。

月と誕生

月はまた、女性が子供を出産する時とも結び付けられて来た。そう、月は「偉大な助産婦」と呼ばれて来たのだ。タラハッセ記念病院で行われた一九五〇年代のある研究では上弦の月の前後二日間よりも満月の前後二日間のほうが、多くの子供が出産されるという顕著な統計結果が出た。ニューヨーク市の研究では一九四八年から一九五八年にかけての五一万件の出生が調査された。これもまた月との関係を示している。出生率は満月の後の二週間のほうが、前の二週間よりも一パーセント高い。しかし、これと一致しない研究もある。一九七三年の研究はちょうど逆の結果をだしており、一九六〇年代の研究では出生は満月を挟んでピークに達するという。とらえどころのない月は、簡単に分析されたり解剖されたりはしないのだろう。この謎を解くには、おそらく月の相ではなく潮汐の時刻のほうに目を転じるべきではないか。何と言っても潮汐は多くの動物に

月は、答えるべきことがたくさんあった！「偉大な助産婦」と呼ばれるのも無理はない。

影響を及ぼしているのだ。そしてもし、ダーウィンが示したように、我々が魚であったころの名残りがなにか影響しているとするなら、潮汐が我々のうちに残っているのではないか。二つの別個のドイツの研究が、実際に高潮のときかその直後に出生が多いということを示している。多分、重力と関係があるのだろう。いずれにせよ、人類が月に足を踏み出した今でも、月の秘密のすべてが暴かれたわけではないのだ。

月と性別

月はまた、赤ん坊の性別をも決定するとされている。月による避妊法を提唱したユージン・ジョーナスは受精時の天空上での月の位置によって高い精度で予知できることを発見した。もし、受精が黄道十二宮の「男性」星座（おひつじ座など）で起これば、子供は男の子になり、「女性」星座（おうし座など）で起これば女の子になるという。彼はクリニックを訪れた八〇〇〇人の女性に、もし望む性の子供が欲しいなら、試みるべき月の相を告げたという。その九五パーセントは成功したという。ライアル・ワトソンによれば、これは月が地球の磁場を変化させ、それが精子に影響を及ぼしてなにかのバランスを崩させるのではないかということだ。

月と男性性

月は女性にとりわけ劇的で明白な影響を及ぼすが、男性のことも忘れるべきではないだろう。男たちにも毎月なんらかの「生理周期」がある。日本のある研究ではバスやタクシーの運転手は、月があ

る位相のときにとくに事故に会いやすい時期があると言う。一人一人の「周期」にあわせて労働時間のスケジュールを調節したところ、事故率は激減した。

一般的に言って月は女性の生理と母性ととくに強く関連づけられている。これは、月が常に女性であると考えられて来たということだろうか。ここにパラドックスがある。月は両方の性とみなされて来たのだ。月はさまざまな形の「大母神」とされてきた。つまり、ディアーナ、アルテミス、バビロニアのイシュタル、フェニキアのアシュタロテなどである。しかし、月がまた妊娠させる力をもつとすれば、男性にちがいないのだ。フランス語、イタリア語では月は女性名詞だがドイツ語では男性名詞だ。エスキモーのなかには月が女性の太陽の兄弟であると信じるものもいる。その一方、多くのマレーシア人は月を星々の母と見ている。つまり、多くの類型があるのだ。多分、月の性別については、このように言うのがもっとも正しいだろう。たとえば、エスキモーの月の神が女性を誘惑するときのように、月がなにかの行動を起こすときには、男性的な特質を示し、逆に月に我々が向かっていこうとするときには彼女の受容性が女性神であると思わせるのだろう、と。

月が生命のパターンに実際に影響しているという証拠は山のように集積している。月に照らされた真夏の夜、これをひとときでも疑えるようなものがいようか。

第4章　東洋の月

「指が月を指すとき、愚か者は指先を見る」（中国のことわざ）

海岸に腰を下ろしていると想像してみよう。雲の出ている夜。海原を見つめていると、雲が切れ、そこから満月が水面に一条の光の道を照らし出す。その瞬間、あなたのなかから何か深いものが沸き起こり、まるで潮と同じように、その光条にそって逆らいがたく、上へ上へと上昇してゆく……。

月は長い間、人間の霊性や内的生活とかかわりがあるとされてきた。ブッダは満月の下で悟りを開いたとされている。インドではグル・プルニマの満月は、だれもが霊的な師と出会うため旅に出る時だとされている。我々の一人一人が、なぜか月が人間に偉大な真理をもたらすのだと知っているようだ。

合理的な西洋文化においてすら、月は地上で打ち捨てられたものすべての帰還所だとする古い信仰がある。無駄になった時間、破られた約束、応えられなかった祈り、かなわぬ願いや望みなど……これらはすべて最後には月に行く。ある古い物語は月に旅した男が、そこで賄賂が金と銀のフックでか

117　東洋の月

かっており、無駄にされた才能がきれいにラベルを張られ、壺にしまわれているのを見つけたという。

そこには破られた誓いと死の床での施しものがあった
リボンで結ばれた恋人の心の名残り
延臣の約束、病人の祈り
売春婦の笑みと跡継ぎの涙[37]。

この古い思想から「月の煉獄」という言葉が生まれた。煉獄のなかでは、魂が生まれ変わりを待っているのである。月に関して非常に多くの言い回しがあるということ自体、月が強い影響をもっていることの証左となっている。仏教においては、月と人間の霊的生活とのつながりはとりわけ明瞭に認識されており、非常に美しい表現を与えられている。仏教では、月はよく悟りを表しているのである。「悟りは水面に映った月のようなものだ。月は濡れることもなく、水面を乱すこともない。その光りは広く偉大だが、月はほんの小さな水たまりにも姿を映す。月全体、そして空全部は草の葉の露にも、一滴の水にさえ映る。月が水を分けぬように、悟りは人を分けることはしない。一滴の水が空の月を妨げることがないように、あなたが悟りを妨げることもない。水滴の深みは月の高みと同じである。映っている時間が長くとも短くとも、それは露の広大さを示

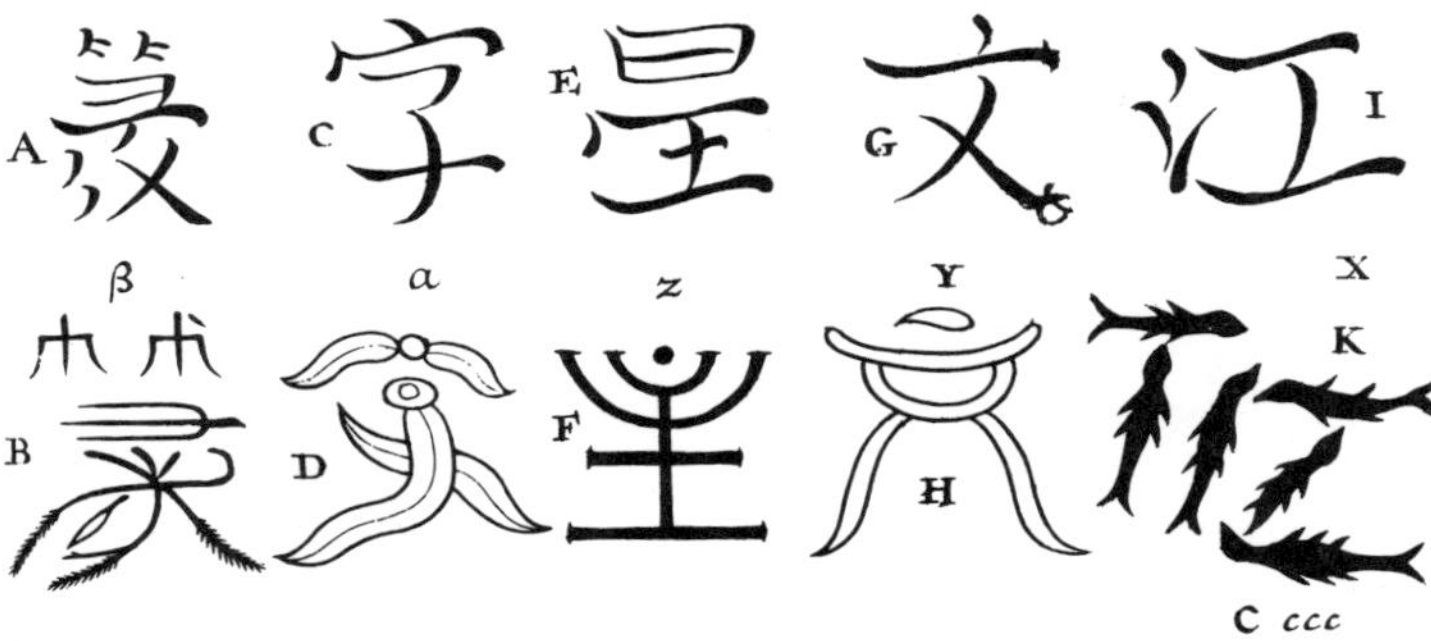

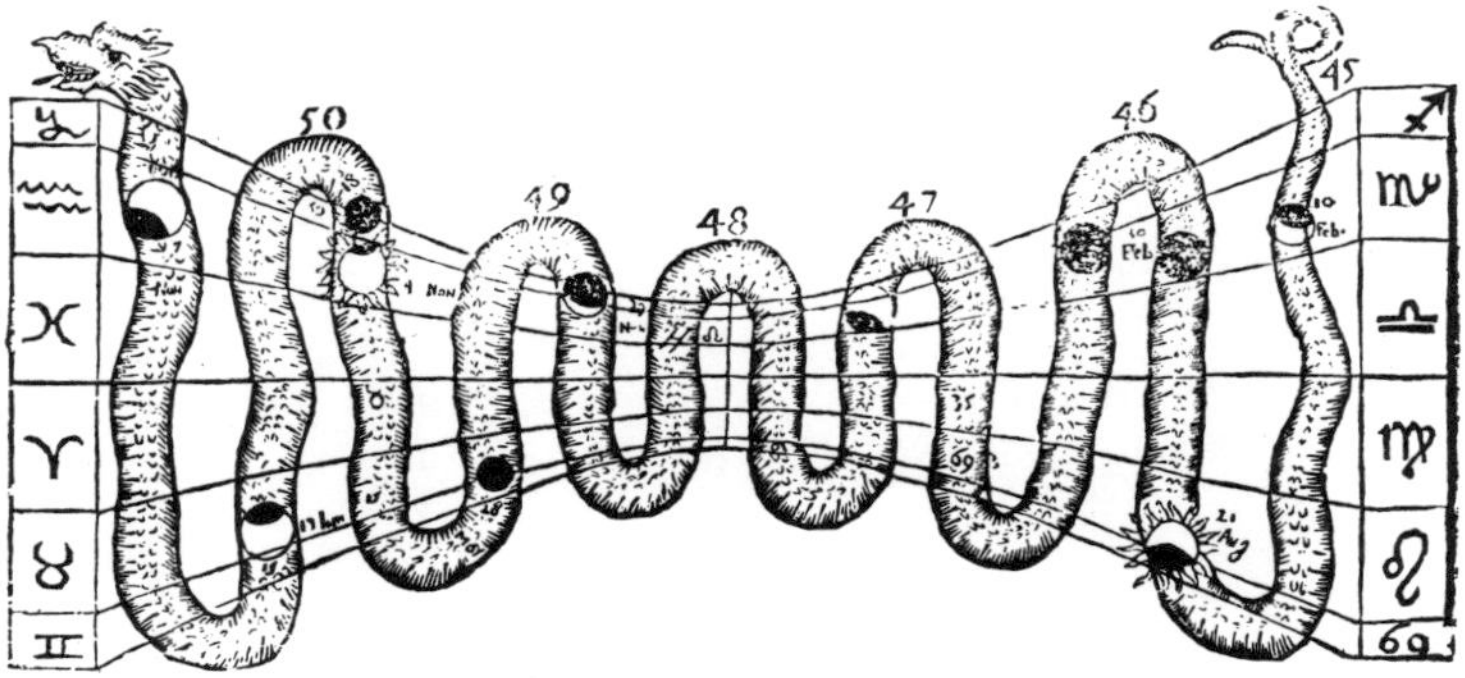

元来、月食を予測するために用いられた中国の木版画（下）。

し、空の月の無限を示す[38]」

一三世紀の禅師・道元のこの言葉は、知られざるものを認識するもっとも精妙な道の一つを指し示している。

「一つの言葉、七つの言葉、あるいは五の三倍の言葉を通しても、さらに一万の形をしらべてみても、何にも拠るべきものはない。夜は訪れ、月は照り、海に落ちる。

あなたが探す黒竜の宝石はどこにでもある」

禅の大師はあるとき、一人の僧にこう尋ねられた。

「ブッダを越えて行くものとは何か」

師は言った。「太陽と月を杖の端に運ぶことだ。これは、お前が杖の先まで太陽と月に包まれているということだ。これがブッダを越えて行くことだ。太陽と月を運ぶ杖に思いをよせれば、宇宙は暗くなる。これが過ぎ行くブッダだ。杖は太陽と月ではない。『杖の先』は杖全体なのだ」

「悟りはあなたを隔てない。月が水を割らないように。一滴の水が月を妨げることはできないように、あなたは悟りを妨げることはできない」

「一六番の夜の公案を想せよ。
月の体が満ちて行くときには心の月は消え行く
月についての明晰な思いが浮かべば　月は生まれる
しかし、どのように中秋の月が認識できよう」(39)。

「広大な冷たい湖は、空の色を吸う
満ちた静寂。錦の鱗の魚が底に潜り、あちこちに泳ぎ回る。矢が水面を刻む
限りない水面に月がまばゆく映る」(40)。(道元自伝)

ブッダが月の満ちるときに悟りを開いたように、他の探求者たちも月の影響力を感じていた。女性神秘家チヨノも、月を通じて悟りを開いた。これはその次第である。

チヨノは尼、サニヤシンになることを望んでいた。しかし彼女の美貌がかえってそれをさまたげていた。僧院を訪れるたびに、僧が誘惑されるのではないかと恐れられて追い返された。なかば捨て鉢になった彼女は自分の顔を傷つけ醜くした。彼女が師を見つけたときには、男か女かさえ見分けられなくなっていた。チヨノは尼僧として受け入れられた。

ある日、彼女が手桶に水を入れて運んでいると、その水面に月が映っているのが見えた。
「絶対美を映しているのだから、その影ですら美しい。真の求道者は反映からこれだけを学ぶ。これ

はいかにも美しい。このような音楽もここにある、いまや欲望はその源を知るようになった」。

そして、このとき桶が突然割れ、水が月の影もばらばらにしてこぼれた。そして、チヨノは悟った。

彼女は起こったことをこのように説明している。

「あれこれと
弱い竹が二度とわれぬように思いわずらい
桶を壊さぬようにしてきたが
突然、底が破け
水がこぼれた

中国の月の女神は、月に住むといわれた兎を手にしている。

もはや水のなかに月はない
手には空があるばかり」。
「悟りは事故《アクシデント》のようなものだ。しかし誤解しないでほしい。わたしが何もしないというのではない。何もしなければ事故ですらないだろう。悟りは努力をしたものに起こるが、努力したからといって起こるものではない。行いなしでは起こらない。あなたの瞑想はすべて、出来事性、偶発性、招待をもたらすだけだ。招待なしに客は訪れない(41)」

また、もう一つの月と霊的覚醒にまつわる話は旅の禅修行僧、レンゲツを主人公とするものだ。日が暮れて来て、彼女は村で一夜の宿を求めた。しかし、村人たちはこの老いた女に恐れをなしたにちがいない。彼女はどこでも拒絶された。そこで彼女は桜の木の下で、凍える寒さのなか野宿するほかなかった。

寒さのあまり目が覚めて、見上げると満開の桜の木があった。その梢の間から、淡い月の光が差し込んでくる。レンゲツはその光景に目を奪われ、自分を拒絶した村人たちに感謝していた。

「宿を借りるのを断っていただいたおかげで、霧の月の、桜の木の下にいられる(42)」。
「人生のすべてのことを感謝をもって受け入れられたときに人はブッダになる」。

二〇世紀に入った今も、偉大な師は月が内的生活に深い影響を及ぼしていることを教えている。

グルジェフは月は死の星ではなく、「生まれつつある星」だという。生命は地球を育むが、死んだものすべてが月を育むのだ。

あるいは、月は「飢えており」、死者の魂が月の食料になるといってもよい。グルジェフは「創造の光線」について語っている。地上の生命はその光線を輝かせているがその光線の源は月なのだ。ある日、月は地球のように、地球は太陽のようになると彼は言う。そしてまた別の月が現れ、また育ち続ける。

それぱかりではなく、月は地上の生命に非常に強い影響力を、そう、太陽よりも強い影響を与えているという。彼の「弟子」P・D・ウスペンスキーはこう説明する。

「月は我々の運動すべてを支配している。もしわたしが腕を動かすとすれば、月がそうさせているのだ。月の影響なしでは、運動は起こらない。月は古い時計の振り子の重りのようなもので有機的な生命の生活はその重りで動き続ける時計機構のようなものだ。……それ（月）は高次のエネルギーをうけて少しづつ生きるようになっている。ちょうど、魂の素材をひきつける巨大な電子磁石のようなものだ(43)」

つまり、グルジェフによれば月は我々に「機械的な」影響を及ぼしている。その影響は無意識のうちに、気づかれることなく働いているのだ。

「我々は意図で操られる操り人形のようなものだ。しかし否定的な感情と同化したり、かかわったりしないようにすることで、月からもっと自由になることもできる。……すべての眠っている人間は月の影響のもとにある。こういう人々は抵抗しない。しかし人間が進化すれば望ましくない糸をいくばくか切り、高次の影響力を受け止めることもできるようになる。しかし、自分自身の他に糸を切れるものはいない(44)」

月はグルジェフによれば、物質的生のバランスをとる重力の中心点のようなものだ。我々があまりに覚醒していないために、そして普通はこのようなバランスを自力でとれないために、それが必要なのだ。しかし、ひとたび我々がそれを見いだせば、月に依存する必要はない。道元師は、こう言う。

「精妙な心の中心に止まる月
幾億もの光に砕け散る」

第5章　月の言葉

ここにあげるのは、月の神秘が我々の言葉に、つまりは日常生活のなかに忍び込んでいる多くの例から選んだものである。

月を射ようとする（To shoot for the moon）：非常に野心的であること

月を越えて（Over the moon）：何かに大喜びしていること。多分、月を射ることが成功したのだろう！

月を欲しがる（Cry for the moon）：手の届かないものを求めること。子供たちは「遊びたいと月を欲しがる」など。フランス語にも似たような表現がある。Il veut prendre la lune avec les dents、これは歯の間の月を取りたいと思っていることを意味する。これは月がグリーンチーズからできているという古い話から来ている。

月の輝き（Moonshine）：秘密の蒸留所で「密造者《ムーンシャイナー》」によって作られた違法の酒。

それはまさに月光だ（It's all moonshine）：それは月の影響を受けた精神からくるナンセンス、空想だ。
「ああ、なんてことを願う人か！　そんなことを望むなんて。君の願いは水に映った月光にすぎないよ[45]」

それは水に映った月光だ（It's a moonshine in water）：わたしは、ナンセンスには気をとめないよ（I care little about that nonsense）。いわば、無駄になった糸や糸のきれはし[46]。

月はグリーンチーズでできている（The moon is made of green cheese）：一六世紀によく用いられた表現。「グリーン」は月の色ではなく、若く未成熟で月のような丸いままの切っていないチーズを指す。その斑点のある表面や色は月に似ている。

月がグリーンチーズでできていると信じること（To believe that the moon is made of green cheese）：ばかげたことを信じること。「それが彼の車輪より大きいと信じさせることができるなら、田舎の農夫には月がグリーンチーズでできているとだって信じさせることができるだろうよ」(47)

月光の飛行（Moonlight flit）：夜逃げ

月のなかの男（The man in the moon）：月のなかの男は安息日に集めた薪の束を背負っていると言うものもいる。また犬に付き添われていると言うものもいる。また別な話ではこの男は犬といばらをたずさえたカインだと言うものもいる。いばらは堕落を象徴し、犬は人間の獣性、汚れた部分を指す。彼はディアーナによって月に連れて行かれたエンディミオンだというものもいる。

月越しに投げる（Casting beyond the moon）：大ざっぱな見通し。「私は不可能なことについて語っている。月越しに投げようとするものだ」

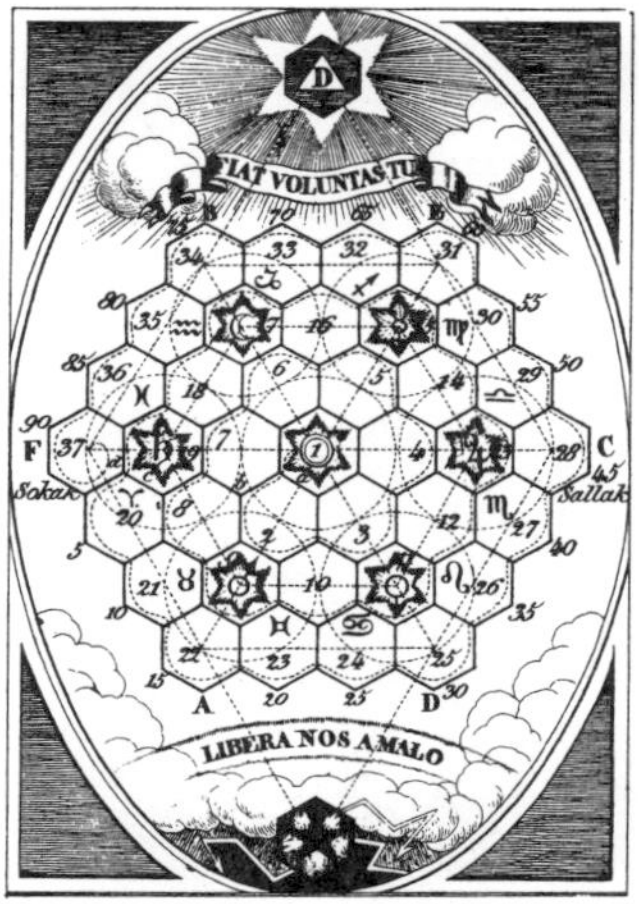

「これが彼の車輪より大きい」と信じさせるのは、田舎の農民に月がグリーンチーズでできていると信じさせるのにも等しい。

「たえまなく変化する月は我々の言葉に豊かさと詩情を付け加えることになった」。

月をさらい出すもの（Moonrakers）：ウィルトシャーの田舎者の一団が、真夜中に沼をさらっているのが見つかった。収税人が何をしているのかと尋ねたところ、彼らは月をくみ出そうとしているのだと説明した。ここからこのいいまわしは愚か者を指すようになった。

月のしずく（Moon-drop）：ローマ時代とその後に呪文が唱えられたときに月の力で草の上に流れる物質を指すとされた。

「月の角の上
　深遠な蒸気の滴がかかっている
　地上におりたそれを私はつかむだろう(48)」

月光の照射（Moonlightning）：国によって異なる意味をもつ。合衆国では昼間の仕事の他に夜の仕事をもつことを指す。オーストラリアでは夜に家畜を追うことを指す。イギリスでは違法な仕事。アイルランドでは夜の暴力を指す。

水に映った月光のために（For Moonshine in the water）：無駄に、無料で

それを月のなかの男のようによく知っている（I know as much about it as the Man in the moon）：何も知らない！　だれかを、あるいは何かをぼんやりみすごす（moon over）こと。

「月に行っちまえ、アリス！」（"To the moon, Alice!"）：ラルフ・クラムデン（ジャッキー・グリーソン）が妻アリスに向かって言った有名な脅し。

月の幼獣（Moon-calf）：望まぬ流産・堕胎に与えられた名。それは月の影響で起こるとされた。また白痴や精神薄弱も指すようになった。

月の手下（Minions of the Moon）：夜盗。または「月の男たち（Moon's men）」ともされ、とくに追いはぎを指す。「月の男たちである我らが運命は海のように満ち引きする」[49]

月に象を見いだす（To find an elephant in the Moon）：何か大発見のように見えたことが、ほんの月影であったこと。この言い回しは、一七世紀のある男が自信をもって月には象がいると宣言したことに由来する。結局それは望遠鏡のなかをはっていたネズミを象と見誤ったのだと分かった。

ディアーナの崇拝者（Diana's Worshipers）：真夜中に騒ぐものを指す。彼らは月光の下でくつろぎ、

「私は不可能なことについて語り、月を越えてものを投げている」。

月の保護の下に入る。

Moon about：ぼんやりうろつく。とくに恋をしているときに。

Mooning：比較的現代的ないいまわし。道行く人の月のような露出した臀部。

Once in a blue moon：非常にまれなこと。

Moon blindness：月　目《ムーン・アイ》とも言われる夜盲症のこと。

月の子（Moon child）：かに座のもとに生まれた子供。

そして「ルナ」という言葉にからんだものとしては

ルナティック：狂気の人

ルナシィ：狂気

ルーニイ：狂気の

水面に映る月は、内的世界を探求する強力な道具となる。そして、それによって何か月の秘密を見い出せるかもしれない。

第6章　おお、月よ！

我が心をかくも強く突き動かす月よ、
汝には何があるのか(50)

満月にかけられる呪法、変幻自在の月光の下を飛行する魔女、そして月の女神に捧げられる呪文——妖術、魔術、魔女術は多くの人々にとっては月と深いかかわりがあるものであった。この結び付きはどこから生まれたのか。この章では月の魔力について見て行くことにしよう。

今より原始的な——あるいはより大地に根差していたというべきか——時代には、この現代のテクノロジー社会よりずっと、男も女も自然の移ろいに敏感だった。そして季節の移り変わりを繊細に感じ取るのと同じように、人々はまた月の位相の変化にも敏感だったのだ。実際のところ今日、月がいつどこで昇るか正確に知っているものがどれほどいるだろうか。それを考えれば分かるように、かつて月は人々の生活の重要な部分を占めていた。月は「月の血」の到来を、そして新生児の誕生を予告することすらできるのだった。すでに見て来たように、多様な力をもつ月の女神は過去の時代では非

月には恐ろしい側面もある。月は人間の最も悪魔的で、
みだらな行動を引き起こす。

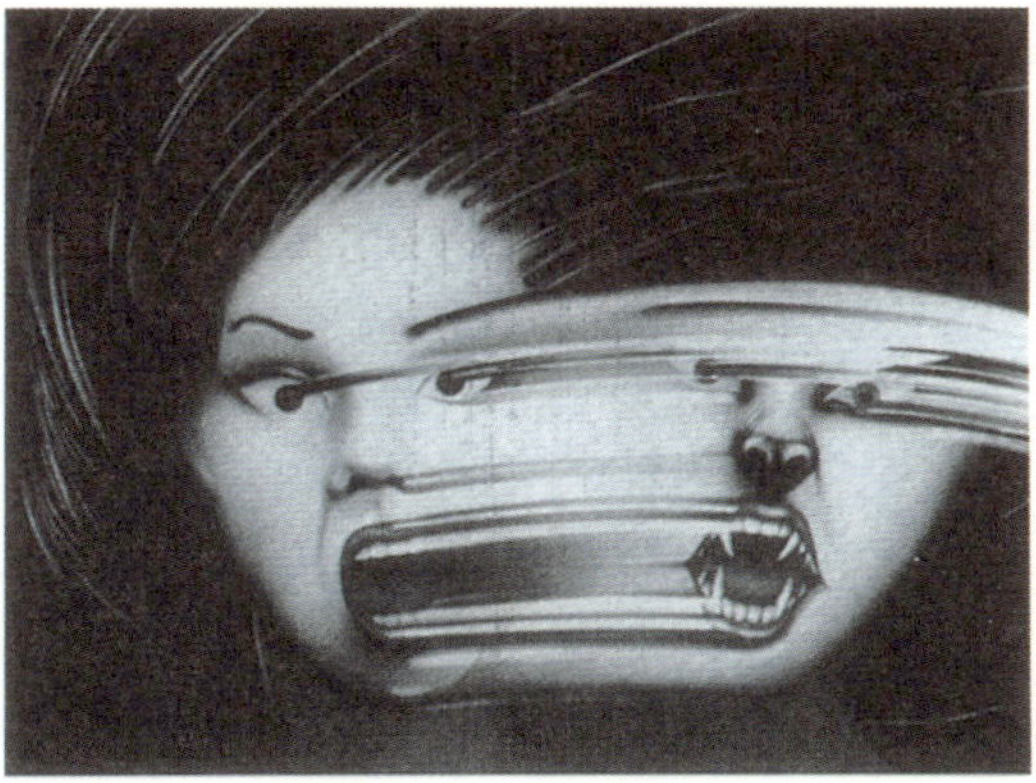

▶魔女たちがサバトに出掛けるため、飛行薬を調合している。

常に強力で、崇むべき力であった。しかし同時に忘れてはならないのは、この女神がときに邪悪で血に飢えた性質ももっていたということである。「月を引き下ろす」呪法は、ここから来ている。この表現、あるいはその実践は古代ギリシャにまでさかのぼることができる。ギリシャ人たちは、テッサリアの魔女たちが月の力を引き下ろすといっていたのだ。

「月を引き下ろす」術は月が邪悪な面ももっていて、しかもオカルト・パワーをもつ人間はその力を地上に顕現させることができるということを意味した。魔女たちは呪法や儀式のなかで、月の邪悪な影響力を利用したということだ。後には魔術師たちは祭儀に用いるために、蒸気をあげ泡立つ毒を月から杯の水のなかに絞り出すとも言われた。

月影降臨

「月を引き下ろす」(月影降臨術)はさほど単純な技ではない。歴史を通じて、この術は多くの形態になっていった。ただ、その本質的な部分は月の女神の力を地上に引き下ろす術式にある。そして、これは極めて強力な術なのだった!

魔女術と月との関係は、中世ヨーロッパでは男性のルシファーが好まれたために弱められてしまった。おそらく、これにはキリスト教の力も関連しているのだろう。三日月を背にしてホウキに乗って飛ぶ魔女という通俗的なイメージが、月と魔女との生き残った最後の連想関係だろう。しかし、本当にそうだろうか。興味深いことに現代の魔女たちは月と魔女術の関連を復活させている。賢い月は、しばらくの間身をひそめていただけだったのだろう。

せいぜい二〇〇年前のこと、イタリアでは魔女術と月は依然としてお互い深い関係にあった。カトリック教会は魔女術を長年鎮圧しようと努力してきたが、しかし旧き宗教は広範囲に広がっていた。教会は魔女たちがサタンを崇拝していると主張していたが、本当に彼らが崇めていたのはおそらく月の女神ディアーナだったのだろう。魔女たちはディアーナに献じられた半宗教的、半魔術的な実践を長らく行ってきたのだ。

教会がそれを不快に感じたのは想像に難くない！　何しろ、魔女たちにとって創造は男性的なものからではなく、女性原理から流出したというのだから。ルシファー、つまり光は氷のなかに隠された熱のように、神秘の深み、ディアーナの闇のなかに埋もれた熱にすぎない。

イタリアの農夫の女たちは、『ヴァンジェロ・デル・ストレゲ（*Vangero delle strege*）』、あるいは『魔女たちの福音書』という小さな本を用いていたことで知られている。この崇敬すべき書物は、我々の起源をこのように語る。

「ディアーナは万物の創造の以前の、最初の創造物である。彼女のなかにすべてがあった。彼女は自身を分断し、彼女から、最初の闇が生まれた。彼女は闇と光に分かれた。彼女の兄弟であり息子であるルシファーは、彼女にして彼女の半身は光であった(51)」。『ヴァンジェロ』は魔女と月の女神の長きにわたる相関を説明している。ディアーナがルシファーの光の美しさを目にしたとき、彼女はその光を自らの闇のなかに引き戻したいという欲望にかられた。しかし、ルシファーはディアーナから逃走し、ディアーナは「原初の父たち、母たち、最初の霊だった霊たち」に助言を求めることにした。これは、今日であれば無意識、ユングならウロボロスと呼ぶであろうような、自然の男性／女性性の母体となる基盤《マトリクス》である。

ディアーナは、このように命じられた。「上昇するためには下降せねばならぬ。女神たちの主となるには死すべきものとならねばならぬ」。『ヴァンジェロ』によれば、ルシファーがそうしたように、彼女は地上に降りて最初の魔女術を使った。彼女の兄弟ルシファーは、夜にはいつも彼のベッドで寝ている猫を飼っていた。ディアーナには、この猫が変身した妖精だということがわかっていたので、彼女は猫に頼んで姿を入れ替え、兄弟のベッドで寝ることにした。夜の闇のなかでディアーナは元の姿に戻り、眠っている兄弟と愛を交わした。こうして彼女は妊娠し、ついに、娘のアラディアを産んだ。

ルシファーは目を覚ますと「光が闇に打ち負かされた」と激怒した。しかしここで再びディアーナは彼に魔法をかける。今度は、彼の気持ちが穏やかになり、幻惑されるまで、彼に歌を歌い続けたのだ。「それは蜂の羽音、生命を紡ぐ紡ぎ車であった。彼女はすべての人間の命を紡いだ。万物はディアーナの紡ぎ車から紡ぎ出された。ルシファーは車を回した」。

こうしてディアーナは、魔女術を使って星のまたたく蒼穹を作り、地上に雨を降らせたのだ。彼女は「魔女たちの女王」、「星のネズミ、天と雨を支配する猫」となったのだった。ディアーナの影響力は魔女たちにとって慈愛に満ちたものとされたが、全く柔順な性質のものではなかった！　彼女は封建社会の富裕層と教会が貧民たちを抑圧しているのを見て、彼女の娘アラディアを地上に送った。アラディアは地上での最初の魔女になり、人々を助けるようになった。ディアーナが娘に魔女術を教えたように、今度はアラディアが地上の弟子たちに術を指導するようになったのだ。アラディアが地上を離れるとき、アラディアは魔女たちに毎月満月の夜には人里離れたところに集い、彼女たちの女王であるディアーナを崇めよと言い残した。その返礼としてディアーナは魔女術の秘密を教え続けるだろう、とアラディアは言う。

望むことをなす自由のしるしとして、魔女たちは裸体で宴とダンスを行うように告げられた。「ディアーナの霊がすべての光を消した闇の中、踊り、歌い、楽を奏で、そして愛するべし」。そしてその食事には穀物の荒粉、ワイン、塩を焼いてできた、三日月形の菓子が食される。この菓子はディアーナに献じられたものである。食事の前には、このような呪文が唱えられる。

▶翼をつけたルシファーは、近年まで魔女術のなかでは月の女神の地位を奪っていた。

◀両性具有のバフォメットが闇と光の月、善と悪の間に座している。その角は三日月型を思わせる。

古来から魔女と月はずっと結び付けられて来た。しかし、それは主に月下の老婆、という形でであった。

149　おお、月よ！

「我は、パンも焼かぬ。また塩入りでも焼いたのでもなし
　ワインで蜂蜜を料理したのでもない
我が焼きあげしは、体と血と魂、
そう、偉大なるディアーナの魂、
我が嘆願が聞き届けられるまで、我が深き望みがかなえられるまで
休息も平安も知らず、いや深い苦しみのなかにさえあるディアーナの。
我は心の底より、乞い願う！
恵みを賜ることができれば、おお、ディアーナよ、
御身を拝して祝宴をもうけん。
祝宴をもうけ、杯を飲みほさん！
舞い、跳びまわらん！
我が望み、聞き届けられるものならば
舞いはいっそう激しく、すべての灯火は消され、自由に愛をかわさん！」

こうしてみてくると、教会がいくら嫌おうとも、ディアーナ崇拝は何世紀もの間広がり続け、その残響は魔女術に残っていることがわかる。ディアーナは、また魔女の友人である妖精たちともつながりをもつようになった。シェイクスピアの『真夏の世の夢』に登場するタイターニアは、また別の古い月の女神の名前を拝借している。そしてこの戯曲は「地下世界」と月について多く言及もしている。

血を凍らせるような月の老婆は魔女術のよく知られたイメージだ。

「月の夜に悪い出会いだな、高慢ちきのタイターニア殿。
そういうあなたは、嫉妬深いオーベロン様！　さあ、みんなお逃げ、
あのひとの寝間はおろかそばに寄らぬとも、心に誓ったあたしなのだから……
潮の満ち干を司る、月の女神も、怒りに顔を曇らせ、大気に湿りを与える、
おかげで病人ばかりふえる始末。……
こうした禍も、つまりはあたしたちのいさかいから、不和から生じたもの、
あたしたちこそその本家本元なのです」。［福田恆存訳・新潮文庫版より］
ここには太陽と月、すなわちディアーナとルシファーのいさかいという古い伝説の残響をみること

リリスのイメージ▶

ができる。男性原理と女性原理が争っているときには、世界には不和が生じてくるのだ。

鉤鼻の魔女

では、よく知られた鉤鼻の魔女というのは、どのようにして童話のおなじみになったのだろうか。これはディアーナが退き、欠けゆく月の相を表す老婆、ヘカテが出て来たことによる。この恐ろしげな古い登場人物はもともと古代ギリシャの魔女術の女神に関連するものだったが、のちには月と、他の月の女神たちとも関連するようになった。ローマ人たちは、この女神を玉座に座した、三組の頭と腕をもった三重身として描いた。その腕には短剣、ムチ、たいまつをたずさえ、足元には蛇がいる。また、おそらく犬は月にむかって吠え立てるからであろうが、この女神は吠える犬とともに描かれ、冥界とのかかわりを求める魔術師や魔女たちが呼び出すものだともされた。彼女を呼び出すのに使われた象徴は中心に点を打った、上向きの三日月である。彼女は、死者、亡霊、恐怖の女神であり、しばしば墓場を荒らして死体の血をすすり、生きているものの気を狂わせると信じられた。中世の魔女たちは十字路で犬の肉を彼女に捧げたという。このように彼女は、月の身の毛もよだつような一つの面なのである。

「汝、犬の遠吠えを、流血を喜ぶものよ、
闇の墓を彷徨するもの、血を欲し、生けるものの恐怖を求めるもの……」

妖しきリリス

リリスもまた月の側面のひとつだ。リリスは元型的な誘惑者、ファム・ファタル（宿命の女）である。しかも、魔女たちは、もし必要とあらば月のこの面を呼び起こすこともいとわないと噂されている。リリスは魔女のもうひとりの女主人、男を見るやその生き血をすする美しき吸血鬼なのだ！　しかし、彼女の神々しい美しさにはひとつ欠点がある。彼女には猛禽のように、足に鋭い鍵爪をもっているのだ。中世フランスではリリスは鳥足の女王（la Reine pedauque）として知られ、月に住むという怪物どもを先導して夜空を飛ぶと言われてきた。

月の女神のこの形態は、男性が溺れる、禁断のエロティックな夢を人格化したものだ。ユダヤ人たちはリリスから身を守る護符まで作っていた。伝説ではリリスはアダムの、イブ以前の妻である。だが、リリスは夢のなかでのみ、主人と愛を交わしたという。そこでリリスもまた、見えざる世界の存在、妖精の種族と関係をもつようになった。

アングロサクソン人にも魔女と関係する三身の女神があった。彼女はウィルド（ウィアード《不気味な》という言葉の語源）と呼ばれ、月と同じように乙女、成熟した女性、老婆、といった様々な姿で想像されていた。

おお、月よ、魔法の女王よ、
真夜中の力強き女妖術使い

おお、時の深みから出でし女神
汝の力をここに、我らがために呼びおこさん![52]

バフォメットの幻惑

バフォメットは、しばしば魔女術とむすびつけられる神秘的な存在だ。男性・女性両方の特徴を兼ね備えた両性具有者で、ふつう月を伴って描かれる。その姿はまたしばしばタロットの「悪魔」として用いられるが、元来はおそらくパン神だったのだろう。パンは自然全体の象徴、すなわち月を象徴する。また、ディアーナがルシファーを誘惑した魔女の物語において、バフォメットもまたディアーナと結び付いている。

バフォメットは悪魔と同じように曲がった角をもっている。これもまた月の象徴だろう。これは三日月を表すともとれるし、また善と悪を象徴する月の二つの角を表すともとれる。かつて月は悪魔の故郷と考えられたこともあった。少なくとも地球と月の間の空間は悪魔が占拠していると考えられていた。聖処女マリアが月を征服したごとく、月を踏みしいているように描かれるが、悪魔の角は依然として月に支配されていることを示すのかもしれない。

月の魔法をかける

このような月の女神や象徴が多くあるのだから、魔女術には月にちなんだ儀式・祭典があるのは不思議はない。そのなかでも、魔女たちが透視を行うために用いる幻視術、水晶球凝視の術はよく知られている。この術は月の相によって成功しやすいかどうかが決まる。とはいうものの、万人にとってよい月の相はない。各人が自分で自分の月の相を見いださねばならない。

ほとんどの人は、透視の術は水晶球を凝視することによって行われるとお考えだろう。しかし、魔女は他にも多くの道具を用いる。たとえば、古い大釜などもそのひとつ。水を満たし、まるで夜空の輝く月のように銀貨をそのなかに静めれば、内側のレンズがこの術に適したものになる。魔女や透視家は水をじっと見つめる。すると、目に直接、あるいは心にあるイメージが浮かんでくる。それはふつう、何かの質問に答えるものだ。

魔法の鏡も水晶球と同じような特質をもっているが、これは月が見える時間に作らねばならない。魔女たちは、自分の専用の鏡を自作し、聖別すれば効果的だというのだ。それには、古い写真フレームや時計の文字盤カバーから外した、凹面ガラスが必要だ。

月が満ちて行くときに、ガラスの裏面（凸面側）に重ねて黒いエナメルペイントを塗る。この鏡は、太陽に直接あててはならない。鏡の感受性が損われるからだそうだ。しかし、月光は魔力を高める。使用する前には、満月のときに、このように呪文を唱えて鏡を聖別する。

「銀に輝く円盤よ、
真夜中に月がかかり
魔女の刻が訪れしとき

▼愉しきパンの祭。この月の形の角を持つ自然神は魔女術が異教時代から受けついだものの一つである。

生命と幸運の影をおとし
今唱えられるこの呪文にかけて
透視の力をもたらしたまえ」

この鏡は魔法以外の目的に用いてはならない。また最低年三度は月光にさらさねばならない。

この鏡はまた過去世を調べるためにも用いられる。暗い部屋に白いキャンドルを灯し、あなたの顔を照らすようにする。ただし鏡に光が映ってはならない。鏡に映ったあなたの顔をのぞき込み、このようにいう。「月光の神託よ、透視の像を送りたまえ」。そしてできるだけまばたきしないように静かに見つめているとあなたの顔が何か別のものに変わりはじめる。しかし、それはなぜかあなたが知っていると感じられるものだろう。

透視のまたもう一つの方法は月を直接用いるものだ。澄んだ空に満月が高くかかったとき、小さな丸い凸面鏡をもって戸外に出る。くつろいだ姿勢で、月光を鏡に受ける。光の点を見つめ、少しづつ少しづつ鏡を傾けて、その光りが移ろう様子を見つめる。こうして、あなたの心霊能力に月の影響を働かせて行くのだ。

また海に映った満月を見ることも試みてみよう。海岸に座り、月光の道を水平線にまで目で追い、また逆に戻ってくる。これを目を閉じたくなるまで繰り返す。あなたのまぶたにどんなイメージが浮かんでも、それを覚えておくようにする。あなたに染み入るおだやかな光、海の音を感じなさい。

湖はディアーナの鏡とも呼ばれているが、湖も水晶球や鏡と同じようにして透視に用いることができる。満月の夜、湖畔に座り、黒い水面に映る月を眺める。そしてイメージやメッセージが得られるまで、ディアーナに祈るのだ。何か質問があれば、問いかける。そうでなければ、ただ生命が語りかけることに耳を傾けなさい。

「彼女はまた、森の静けさと人けのない丘を好み、銀の月の姿をとって澄んだ空を航海しては、自分自身の美しい姿を、おだやかで輝く湖、すなわちディアーナの鏡に映すのだ」[53]。

月の秘密

月と魔女のつながりは無数にある。魔女術とかかわりの深いさまざまな数も、月にちなんだものだ。たとえば、七が重要なものとされている。これは、「聖なる七」、すなわち土星・木星・火星・太陽・金星・水星そして月の七つの天体から来ている。魔女たちは、おそらくこれを、万物は七惑星によって支配されていると信じていた古代の占星術師から借りたのだろう。

また一三という数字も魔女たちとつながっている。人々の想像するところでは、一三は魔女たちの集団《カヴン》を構成する人数だというが、これは一三ヵ月（ルナーマンス）［訳注・一年に月は一三回満ち欠けする］から来ている。古代のドルイドはこのように言う、「月を彩る三つの名――夜の太陽・美の光・妖精のランプ」。

魔女の護符はしばしば月を描きこんでいる。たとえば、イタリアのある護符はヘンルーダとヴァーヴェインの若枝の形をしている。この二つの植物はディアーナに最も愛された植物だという。これはいる。

もちろん、月の金属である銀で造られており、身につけるものを邪悪から守る欠け行く月も含まれている。

夜の交差路には気をつけなさい！　そこは、月の女神の三相のイメージを連想させるため、伝統的に魔女の集会場所とされているのだ。三本、あるいはそれ以上道路が交わる所にはギリシャ人やローマ人はディアーナやヘカテの像を安置し、こうして交差路は月の女神に献じられた。この風習のなごりは、今日でもイギリスで見ることができる。アッシュダウン・フォレスト、サセックス、ウィンチ・クロスの、三つの道路の出会う所は、魔女たちの集会場であったため元来「魔女の交差路」と呼ばれていた。ハンプシャー、ニューフォレストでは魔女たちは「裸の男」と呼ばれた古いオークの木の近くの、ウィルヴァリー・ポストと呼ばれる森のなかの交差路で集った。

また呪術をかけるという、魔女たちの最も悪名高い仕事でも月がきわめて重要な役割を果たす。呪術は伝統的に月の相にそって行われるのだ。満ちてゆく月のときには益になる魔法を、欠けて行くときには邪悪な意図をもった魔術が行われる。

月が丸いとき、祈りをささげよ
汝に幸運がつきまとわん
海中あるいは堅き地面に
汝の望むものは見いだされる

月の儀式と月の呪術

古代からの呪術は数多くあるが、月の運行にそった儀式を作り出すことによって、あなた自身で強力な魔法を使うことができる。二人の現代のアメリカの「魔女」はこのように自分の方法を語っている。

「昨夜、我々は東の窓から身を乗り出し、東の丘の上に驚くべき姿を見せて浮かぶ月に向かって吠えた……そして月に歌を捧げた。その夜、私は夢をみた。夢では生命の与え手でもある、死の体内のなかにまで降り立つことができた……」[54]。

そして、新月の祝祭では、

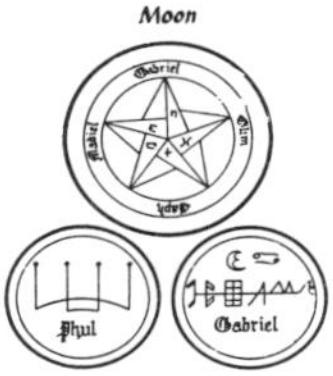

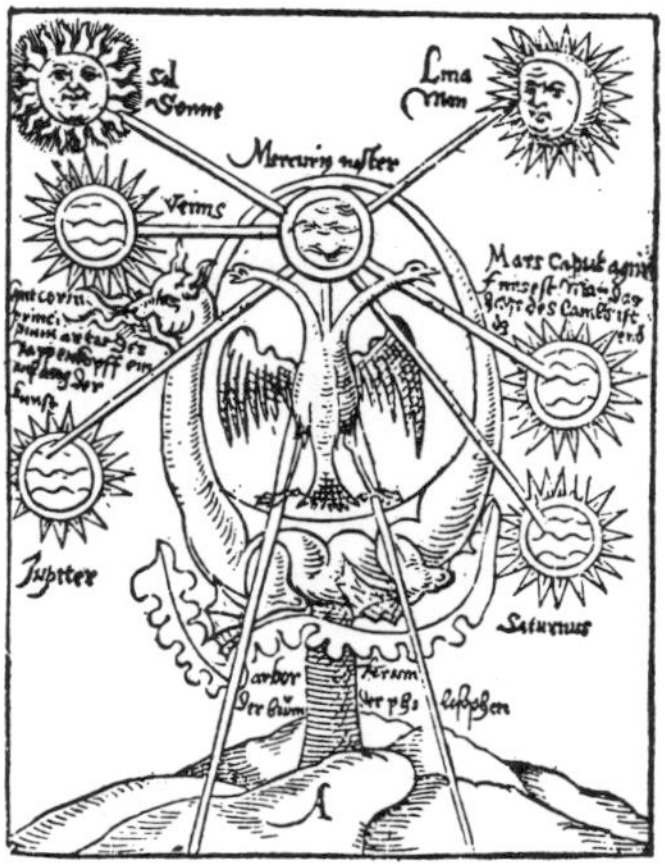

「我々は木屋の前で円陣を組んで座った。手をつなぎ、牧場から闇のなかに順次降りて行った。我々は闇の物語を語った……力と強さと同じく、恐怖のイメージもあった、また穏やかで暖かく、平穏なイメージもたくさんあった。暗い月を表す、引き糸のついた大きなキャンドルが点火された。彼女はそれをもっているようにと渡した。……袋の中には種子があった。種子、小さな始まり、新月……」
（アドラー、前掲書）

愛の月の魔法

月の魔法に少しでも力を借りたいという方のために、ここにいくつか方法を紹介しよう。ただし、最初のものは、効果を期待するというよりは、楽しみのためという色が強いものだが。これは、一九世紀の書物『アラディア、あるいは魔女たちの福音書』(55)に由来するものだ。

「もし、魔法使い、ディアーナの信仰者、あるいは月を信仰するものが女の愛を欲するならば、かの女を自分の素性を忘れさせて犬に変えて自宅に誘い入れ、その後、もとの姿にしてそのまま、彼とともに止まらせることもできる。別れの時がきたら、女はふたたび犬に変身し、家に戻るだろう。そこで彼女は少女の姿に返る。女は何が起きたか、覚えてはいない。ディアーナは常に犬をそばにおいているゆえに、彼女は犬の姿をとるのである。

これが愛するものを自分の家に招きたいものが繰り返して唱えるべき呪文である。

ディアーナ、おお、美しきディアーナよ、
まことに美しき、そしてまた善なるものよ
御身にささげる信仰のすべてにかけて
かつての愛の喜びすべてにかけて
愛するものを得るべく、御身の助力を乞わん！」

魔術と呪文、香と薬草……これらはすべて魔女が目的を適えるために用いるもの。しかし、それらは月の相にしたがって使われねばならない。

月を飲み干す

また同書(56)にはワイン醸造のためにディアーナに呼びかける呪法もある。

「よいヴィンテージのよいワインを造ろうとするものは、ワインで満たした角杯を手に、ぶどう畑に出掛けるべし。そして角杯からワインを飲み、このように言え。

この角杯から飲むものは、我は血を飲むものなり
偉大なるディアーナの血を、その助力を、
月に向かい、手にキスをするとき
女王が我がぶどうを守るよう祈る……
かくして我がぶどうに幸運が訪れる」

月の愛の護符

この召喚呪文は非常に古い起源をもつものだと思われる。ここに角、つまり新月の象徴であり、ディアーナに献じられたものが含まれているのは興味深い。（アポロはディアーナに、角だけでできた祭壇を建てたと言われている）。

愛の護符はしばしば、月の相にしたがって製作される。たとえば夢のなかに将来の恋人を見ようとするときには、新月が見えるときにノコギリソウを集めることが必要だ。そしてこの花を枕の下にお

き、この詩を繰り返す。

汝、愛らしきヴィーナスの木よ
汝の真の名は、ノコギリソウ
だれがわたしの真の恋人か
目覚めたときに見せておくれ。

その結果は、この詩よりよいものであることが望まれる！

金運を招く月の魔法

この呪法は金銭を得るためのものである。月が満ちて行く期間に、皿、それもできれば銀の皿に水を満たし、その中に月が映るようにする。手を水に浸し、それが自然に乾くようにする。そして金が自分のほうにやってくるよう想像する。月がまた同じ形に戻る前に、お金は意外なところからやってくるはずだ。

ムーン・ダイエット

ここに紹介するダイエットという、いかにも二〇世紀的な関心のために月に助力を求める呪術は、現代の魔女たちによって考案されたのにちがいない。まず、あなたが望む理想の体型を鉛筆で描く。その理想の体型の周囲に現在のあなたの姿を描く。ここでは正直に描くこと！　この絵を次の満月の日まで安全な場所においておく。そして大きい方の像を、少し消す。これはあなたの体重を象徴的に減らすことだ。月が欠けて行く間の一四日間、毎日、これを繰り返す。効果はゆっくりしたものだろうから、次の満月の日にこのプロセスをまた繰り返す。（スコット・カニンガム『アースパワー』レリュウィン出版、ミネソタ、一九八六）

愛を引き寄せる月の魔法

愛をあなたに引き寄せる呪法。この呪法のためには乾燥したバラの花弁、ひとつまみのイヌハッカ、ノコギリソウひとつかみの半分、ミント、フキタンポポ、イチゴの葉、グラウンド・オリス・ルート、

ヨモギギク、ヴァーヴェインがそれぞれひとつまみづつ必要だ。これらを、月が満ちてゆくときの金曜の宵に混ぜ合わせ、三つに分ける。

そのうちひとつ分をもち、裸になって屋外に出る。片膝をついて、この混ぜ物を月に差し上げ、愛をもたらしてくれるように祈る。

室内に入り、混ぜ物の三分の一をベッドルームに撒き散らす。残りは、緑、あるいはピンクの布にいれて縫い合わせ、身につけて置くようにする。この香りだけでも愛をもたらすに十分だ！[57][58] 香は伝統的に月への呪文を唱える際に用いられる。それは呪文の波動に別な要素を加えるのだ。あなた自身の香を調合することはそれにさらなる深みを加える。あなたがある方向にエネルギーを向けて行けるのだ。混ぜ合わされたインセンスは香炉の中の木炭で焚いてもいいし、火のなかに投げ込んでもよい。

祝福

このレシピは、満月の夜に祝福を得るために、あるいは月にまつわるすべての儀式のために、とくに用いられるものだ。グラウンド・フランクインセンスとビャクダンを同量混ぜ、そこにオリス・ルートを四分の一とロータス・オイルを数滴加え、満月の夜に焚く。

次の香は月を含むすべての惑星に働きかける。というのもこのなかにはそれらの惑星すべてに献じられるものが含まれているからで、儀式の間に用いられると、とくに強力だ。同量のフランクインセンス（太陽）、オリス・ルート（月）、ラベンダー（水星）、ローズ・ペタル（金星）、ドラゴンブラッド（火星）、キジムシロ（木星）、ソロモン・シール（土星）を混ぜ合わせるのだ。

また、準備するのに月の相を考慮しなければならない二つの香もある。最初のものは繁栄をもたらすもの。同量のクローブ、ナツメグ、レモンバーム、ポピーシードと西洋スギを混ぜ、数滴のスイカズラとアーモンドのオイルで湿らす。これを月が満ちて行く期間の木曜に行う。二番目は、愛の香である。これは月が満ちて行く金曜の夜に行う。ローズ・ペタル、シナモン、パチューリ、レッド・サンダルウッドを同量混ぜ、愛をもたらす儀式の最中に焚くのである。

望まぬ愛を追い払う

もし愛、あるいはだれかからの望まない関心を避けようとするなら、くすのきの樹脂を用いるとよい。くすのきは月に支配されているという。避けたい相手に樟脳をかがせることができれば、その相手はすぐにあなたから立ち去るだろう。また、くすのきは安眠のための香とすることもできるし、小さな袋にいれて首から吊るすようにすれば、風邪を防ぐ。

またキュウリも月の植物とされ、寝室におけば子宝を恵む一助となるという。月によって支配され、儀式に用いられる植物には、ほかにこのようなものがある。まず、くちなし《ガルデニア》――異性をひきつけ、月の力との接点となる。レタス――その汁を額にこすりつければ眠りを誘い、また葉を食べれば欲望を静める。けし――女性の食べ物にその実を交ぜれば、妊娠しやすくなる。夢で何かを知りたいなら、けしの実をとり、その上部を切ってなかの種子を取り出す。紙片に知りたい問いを書き、その皮のなかにつめ、ベッドのかたわらに置く。すると、夢はあなたの問いに答えるだろう。ビャクダン――これもまた月に支配されると言われているが、すぐれて部屋を浄化する作用をもつとされ治療用のオイルや香として用いられる。最後に、ヤナギ――あらゆる種類の魔女伝承との関連をもっており、月と深い関係にある。おそらく、それは水辺に生えるからだろう。ヤナギの杖は治療儀式に用いられ、また魔女の箒を束ねるのにも使われる。ヤナギは月の祝福を引き下ろすことができ、住居のそばに植えれば家庭を守る。ヤナギを一片持ち歩けば死への恐怖さえ静めることができる。

月を引き下ろす儀式

では、結局、もし「月を引き下ろす」ためには、どのような古い儀式にのっとればいいのだろうか。それには多くの方法がある。しかし、杯と短剣を用いるようなものは無視すべきである。それは実際には太陽の儀式なのだから。この月を引き下ろす「レシピ」には、必要な要素がすべて含まれている。

この古代の儀式は、新月から三日の間の、日没直後に、屋外で、三人（うち少なくとも二人は女性）によって行われる。器（できれば銀かガラスが好ましい）が小さな円形の鏡、白ワイン、または清水を入れた瓶とともに、参加者の中央に置かれる。一人の女性がその器をかかげ、もう一人がワインをそこに注ぎ、残る一人が月光がボウルに反射するように鏡を掲げる。月の像がそこに映ったら、ディアーナ、アルテミス、イシスなど、ひとつ、月の女神を呼び、ワインあるいは水に祝福と力を与えるように祈る。その後月の英知にたいし、祈禱、呪文、讃歌などで返すようにする。

次には感謝を捧げて、ワイン数滴をそれが本来もたらされた大地に注ぐ。そして月の女神と絆を結ぶようワインを飲む。もし水がワインの代わりに用いられているのであれば、それは祝福や透視に用いてもよいが、月が満ちたら捨てなければならない。特製の月の菓子（レシピは第2部第5章をみよ。）をワインとともに口にすることもある。このときかけらを少し、感謝を込めてまく。このシンプルだが強力な祭儀は、もし愛と敬意をこめて実行すれば我々に内的な力と再接触させ、そして月の女神との絆を取り戻す契機になるだろう。

中世の錬金術に登場する太陽の王と月の女王は対立物の一致を表している。

錬金術

一六世紀初期の重要な錬金術文献『哲学者の薔薇園』では王と女王が太陽と月の上に立っているところを描いている。二人は花を交差させ、上には鳩が飛んでいる。この絵の下には、このような言葉が見える。「よく心にとめておくがよい。我らが変成の業のうちにおいては、哲学者によって隠されているものは業の秘密をおいてほかにない。その秘密はだれにでも明かされるものではない。もし秘密が明かされるようなことがあれば、その者は告発されるだろう。神罰を受け、即座に倒れて滅びよう。この業のあらゆる過ちは、つまりは適切な材料で始めぬところから起こるのだ[59]」

このように、みだりに錬金術の業に手をださないよう

に警告されている。ここで注意したいのは人物が右手ではなく左手をつないでいることだ。これはつまり、錬金術は直感と創造性の道であることを示している。これはまた対立物、男と女、太陽と月の結合でもある。テクストは、このようにも言っている。「この作業のためには尊ぶべき自然を用いねばならない。自然から、そして自然を通じて我らが業は生まれたのであるから。我らが学は自然の業であり、作業者のものではない」。

対立物の一致――対立物のうち一つは月によって顕著に示されている――は、花の茎の交差に見ることができる。花の一つは、星から降りて来た鳩がくわえている。これらは、東と西、南と北、上と下、太陽と月、男と女を結ぶものだ。錬金術師によれば、これらの対立物は結び合わされ、ひとつの全体にならねばならない。太陽の王と月の女王は錬金術師自身の実験のなかで起こっているとされる過程の象徴なのだ。

これは現実的で実践的なものである。しかし同時に、生命の神秘の微妙さを生み出そうとする、また何か全く新しいものと望まれた未知の力を引き出そうとする挑戦でもあった。

テクストは、こう続く。「(王と女王の)目の出会いは重要なる事を高貴な、準備のできた心に伝えている。心の側の左の手は自然と前に伸ばされ、霊の側の右手は花を交差させて共有された理想を表している。つまりちまたにあふれる欲望からのものではなく、空間も時間も超えた、お互いが自己を滅することからくる高貴なもの」。

次の絵(一七七頁左下)では太陽王と月の女王は水銀の浴槽につかっている。(太陽と月はもはや実際には描かれていないが）これは対立物の融合が始まったことを示す。花はいまや円となり、すべてが水銀の水のなかでひとつとなる。次に、王と女王の性交の絵が出てくる。これは創造の力そのものであろう、混沌のなかへの沈潜を示すものだ。彼らは水のなかに沈むが、それは新しい魂が創造される過程である。この図像の下には、このような韻文がある。

おお、月よ。わが抱擁にいだかれしもの
われと同じように汝は強く、その面のごとく美しいもの
おお、太陽よ、人間に知られるうちもっとも高貴なるものよ
だがしかし汝はわれを必要とする、あたかも雄鶏が雌鶏を求めるがごとく。

『薔薇園』はこの絵についてこのように述べている。「そしてベヤ（母なる海）はガブリカスの上にのしかかり、彼を全く見えなくなるほど彼女の子宮のなかに閉じ込め、そして彼女はガブリカスをあふれる愛で包んで自身の性質のなかにとりこみ、彼を原子《アトム》にまで分解した」。

これでは男性は月を恐れるはずだ！

カール・ユングは一九二〇年代、太陽と月の王と女王について斬新な光を当てた。ユングはそれを意識と無意識の象徴だという概念を提唱したのだ。太陽王の示す自我領域はフロイトとその追随者によって研究されたが、ユングは（興味深いことに元来はフロイトの弟子だった）月の女王の深みに飛

び込んで行ったのだ。ユングは二つの力にアニムスとアニマという名前をつけた。無意識は男性においては女性のかたちに人格化することが多く、女性においては男性の姿を取る傾向がある。アニマは多くの古代の女性のイメージからなっている。彼女は「永遠の女」であり、しばしば月によって象徴されている。

錬金術師は銀の溶液のなかの水銀から結晶化された水銀の化合物を作っていた。これはディアーナの木、あるいは哲学者の木として知られる。錬金術師にとって銀はディアーナの色だからである。錬金術では惑星のそれぞれが金属と関連づけられ、惑星と金属の名はお互いに交換可能なものであった。それらは人間の性格や健康に直接影響を及ぼすと考えられていた。たとえば、非常に陰鬱な人がいたとすれば、その人物は土星（鉛）タイプであり、銀によって治療することができた。銀によって彼は月を取り込み、より機敏になって暗鬱さを払拭することができるはずだからだ。

▲太陽の王と月の女王が成就の水銀液のなかで溶解する。
月は、錬金術の図像のいたるところで見ることができる。

第7章　月の狂気

ああ、月のせいだ。
月がいつもより地球に近づいたから
人間どもが狂いだしたのだ。[60]

長年にわたって月は、人間の品行を狂わせる元凶であると非難されてきた。我々すべては、満月の夜にはいつもよりおかしく、つまり、「狂気《ルナティック》」になる傾向があると言われているのだ。月のせいで、ふだんはまっとうな市民ですら、体毛が生え、四肢からは爪が伸び、狼男になってしまうこともある。

179　月の狂気

あるいは、満月のころには、少なくとも人の心霊的能力が高まると考えられている。

この章では月の狂気にまつわるあらゆる物語を眺め、そしてその話の背後にある真実を検証してみることにしよう。月は本当に我々を、物狂いに駆り立てるのだろうか。

狼男のすみか

「彼らは、通りが墓場に続く場所にまでやってきた。ローマの市街の門の外では、どの道もたいていこのようになっているものだ。彼の連れが記念碑の陰に踏み出したそのとき、月光はまるで昼間の太陽のように明るかった……彼が衣服を脱ぎ始め、身につけていたものすべてを道の端に置いた……彼はまるで死者のような風情で立っていた。兵士は自分の服に放尿し、すっかり濡らしてしまうと、突然、狼に変身した……狼のように吠え、そして森のなかに駆け込んでいったのだ。瞬間、ニケロスは呆然としたが、気をとりなおして男の服を調べてみた。が、その服はすべて石に変わっていた。死ぬほどの恐怖にとらわれつつも、彼は剣を抜き、それを振り回しながら恋人の待つ別荘にたどりついた。……彼女は、こんなふうに語った。『狼がやってきて、羊を襲い、まるで肉屋のように血を流したの。でも、たとえ逃げ仰せたとしても、わたしたちをあいつは嘲けることはできないはずよ。奴隷の一人があいつの首を槍でさしたんですもの』

ニケロスは昼間に家に戻る途中、衣服が石に変じたあの場所に差しかかった。そこには、ただ血がたまっているばかりだった。……彼が家に戻ったとき、医者が男の首の傷を看ていた。そこで彼は、この男が変身者、つまり人狼だと悟ったのだった[61]」。

人狼に関する、背筋を凍らせるようなこの類いの話は世界中に見いだすことができる。ここには、万人の根源的な恐怖心に訴えかける何かがあるのだ。この信仰は古代ギリシャにまでさかのぼることができる。またナヴァホ・インディアンは人狼が羊をさらい、死体を暴くと考えていた。ダニエル書は、ネブカドネザル王は意気を喪失させるような病にかかり、自身を狼だと信じるようになってしまったと語る。一六世紀ヨーロッパでは多くの人々がレカントロピィ（患者が自分が動物に変じたと信じて、食性や声までも変わってしまう一種の狂気）のために裁判にかけられ、有罪とされて処刑された。

それにしても、どこの国であれ、どんな状況であれ、満月はいつもその元凶として非難されてきた。一九世紀のある聖職者は、月が満ちたときに起こったことをこう書いている。

「欲望が、彼らにわきあがってきた。彼らはベッドを離れ、窓から飛び出し泉池に飛び込んだ。水浴の後には、その皮にはびっしりと毛が生え、四本足で歩くようになり、森と村を抜け、野と牧場を駆け、あたりかまわず動物や人間を襲った。そして夜明けが近づくと、彼らはまた泉に戻って飛び込む、毛皮を脱ぎ捨てると空にしていたベッドに戻るのだった[62]」。

人狼発見法

どのようにしたら人狼を見分けることができるのだろうか。あなたの近しい人、いや愛する人の様

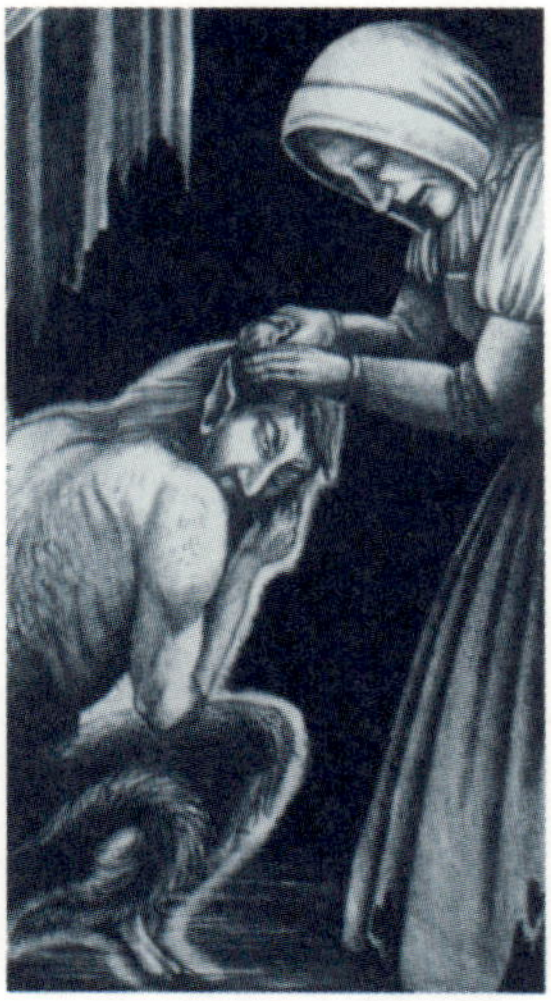

◀銀の月の光は人間の行動のうちもっとも奇怪なもの……レカントロピィを引き起こすとされてきた。
▼エジプトのネブカドネザルですら、ある種のレカントロピィに苦しんだと信じられている。

子がおかしくなったときに備えて、それを識別するための兆しをいくつか紹介しておこう。まず、臀部にある悪魔の印、また毛むくじゃらの尾。眉毛が眉間でつながること。このような考えは地中海諸国に、人狼が数多くいると想像していたデーン人によって広められていた。また、動物に変じている間につけられた傷は人間に戻っても残る。満月の時に変身しないすべての人狼は、その体毛を皮膚の内側に隠している。人狼ではないかとの疑いをかけられたものを詮議する一般的な方法は、皮膚の内側に体毛がないか皮を剝いて見ることだった！　そこに毛がないことを発見したときには、たいていは致命傷になっていたが。

人狼になるのは、吸血鬼になるよりも明らかにずっとたやすいことだった。

まず第一に、死ぬ必要がない。必要なのは満月と、誰かからの呪法、あるいは人皮でできたベルトのような助力品だけなのだ。そうすれば、変身は誰にも可能だった。吸血鬼とは異なり、人狼は恐ろしいほど躍動感に満ちている。伝えられる所によると、黒魔術師は裸体に魔法の香油を塗りたくり、狼皮か人皮でできた魔力のベルトをつけることで思いのままに人狼に変身できたという。

レカントロピィ

これらがすべてただのおとぎ話のように見えたとしたら、考えを改める必要がある。

レカントロピィは、非常に強い影響力を人々の生活に及ぼしていたのだ。人狼に変身するという告白は中世ヨーロッパでは非常にありふれたことだった。「真実」を引き出すために真っ赤に焼けた鋤や拷問台が用いられていたことを考えれば、それもさほど驚くにはあたらないだろう。処刑は通常自白の後で行われた。一般的には吊刑や火刑が用いられたが、ときには、より詩的に、月の金属である銀の弾丸で打ち抜かれるという方法もとられた。

哀れなペーター・スタンプは一五八九年ドイツで、この罪によって処刑された。当時の記録は彼の運命をこのように語っている。「彼の体のさまざまな部分の肉は真っ赤に焼けた鉄鋏で引きちぎられ、腕、股、足は車輪で潰され、その体は最後に火で焼かれた。魂は救われるよう、体を拷問で引き裂かれぬよう望みながら、非常な悔恨の中で死んで行った」。

一五二一年三人の人々がレカントロピィの嫌疑をかけられ、公衆の面前で処刑された。

一五七三年にはフランスの地方議会は住民たちに「この地方を害する人狼たちを台所用の串、矛槍、槍、棒を用いて狩り出し、捕らえ、殺すよう」命じた。これはおそらく自分が人狼だと信じていたフランス人、ジャン・ペイラルという男が一五一八年に広めた話から持ち上がったものだろう。法廷は、やじ馬たちの熱気に包まれていた。人々はどのようにして彼が雌の狼と交わり、悪魔によってどのように狼に変身せられたのかを聞こうと興奮していたのだ。変身に用いていたという香油の悪臭が法廷に満ちてもなお、「観客」の興奮は冷めなかった。ペイラルは判決を下される前に拷問を受け、火刑にされ、その灰は風にばらまかれた。

もう一人、フランスのジル・ガルニエも一五七三年に同じ罪を自白している。彼は二十人以上もの子供たちをその牙と顎で引き裂き、むさぼり食らったと語った。多くの目撃者がこれを証言し、ガル

ニエは火刑台で焼かれた。

このような状況のなかでは多くの「変身者《ターン・スキン》」たちが自分のこの病を癒したいと願うのも無理からぬことだろう。一つの治療法は人狼の頭皮を切り取ることだ。狼化する性向のあったある裕福な男に、こんなことがたまたま起こった。イタリアのパレルモでのことだ。この男が狼化すると、召使いが屋敷の秘密のドアを開け、そこから彼は自由に彷徨するのだった。ある月の夜、彼は酒宴からの帰路についていた若者に出くわした。人狼は若者に忍び寄った。飲み過ぎていた若者は走ることもままならず、もっていたナイフを突き出し、狼の額を切り裂いた。血が流れ落ち、狼は苦しそうに吠えたかと思うと、その苦悶のうちに彼は人の姿に戻ったのだった。男はその後二度と、月の魔力に支配されることはなかった。

また、他の不幸な人狼たちは月の夜には窓を締め切り、戸には錠をかけて自らを閉じ込めた。また相手が人狼だと告発するだけで、あるいは洗礼名を三度呼んだり、血を三滴流すだけで人狼を癒すことができるとも言われている。あるいは人狼が悪魔と契約を結んでいる場合には、長くまるで角のように伸びた左の親指の爪を切れば、その契約を破棄することになるとも言う。

このような話はすべて『ロンドンの狼男』のような深夜放送の恐怖映画（同名のヒットソングもあった）のごときものにすぎないのだろうか。あるいはここには想像の産物以上の何かがあるのだろうか……？

一つの仮説としては、肉体がトランス状態に入っている際にアストラル体が狼の形に物質化する、とも考えられる。また、自分を狼だと思い込み、四本の足で走り回り、吠えるようになる精神の病だとも考えられる。ただ確実に言えることは、そこには我々の原始的な恐怖心を刺激する何かがある、ということだ。そう、狼への恐怖、自らの内に潜む獣性への恐怖、不確実なものへの恐怖、そして生命そのもののもつ恐怖。だが、人狼にどんな真実があるにせよ、なぜ、それが不幸にも月のせいにされねばならないのだろうか。ただ、何かに責任転嫁することが都合よかったからなのか、それとも満月は実際に我々に影響を及ぼすのだろうか。月が人々を狂気に駆り立てるという観念は古いものだ。人狼信仰がまだ幸いにも弱く、興奮をかき立てるものではなかったころにでも、「正常な」人ですら満月の夜には混沌とした行動が見られるようになると記録されている。「わたしの亭主は大馬鹿者で、月にあてられたように愚か《ムーンリング》なことばかりしているのです」(63)

悪夢を作り上げている素材……。夜に降り注ぐ奇妙な光が忌まわしいイメージを生み出すと言う。

夜の空から降る光が、ようやく我々も理解しはじめたようなかたちで我々の心霊的能力に影響を及ぼすのだろうか。

ルナシイ

このような観念は、一八四二年の月狂条例《ルナシイ・アクト》にも見いだすことができる。この条例は月のさまざまな相が心理状態に影響を及ぼすという。月の最初の二つの相は、心を平静にするという。事実、二〇〇年前のイギリスのある法律は、慢性的に正気でない人物と月の相によって狂う「月狂病《ルナシイ》」を区別していた。月狂病の保護施設では、管理者たちはまちがいなく月の力を信じていた。満月の夜にはより多くの義務が課され、一八世紀には患者は、満月の前には正気を失い、暴力的になるのを防ぐためとして鞭で打たれていた。

月が満ちるとき
正気は陰りゆく。

狂気《ルナティック》という言葉自体、ラテン語の月、ルーナに語源をもつ。中世の医師パラケルススは脳を「ミクロコスモスの月」と呼び、満月のときには狂気が悪化すると言っている。前世紀の終わりまで、月と狂気の関係は自明のものとされ、満月の夜の犯罪については特別に寛大な処置がとられることもあった。

伝説には、満月の夜に奇妙なことが起こることを述べているのも多い。たとえばスカンジナヴィアのおとぎ話「魔法の鏡」は、月が満ちるたびに野獣のように振る舞うアルティング王のことを語って

月は満ちては欠け、上っては沈み、地球の水を自分のほうにひきつける。同様に我々をもひきつけては心理的にも肉体的にも影響を与えているように見える。

いる。アイスランドでは妊婦は月に面することのないように勧められている。新生児が正気を失わないようにするためだ。「ムーンストラック（月に打たれる）」「ムーニイ（夢心地の、ぼんやりした）」「ムーンカルフ（ばか、空想好き）」「ルーニイ（狂人）」などの英語の表現もその証拠だ。いかに自分たちが理性的であると思っていても、このような信仰は生活に食い込んでいるのだ。

エジプト人は狂気は満月の光の下で、特定の蛇の肉でできた肉団子を食すれば癒されると考えていた。またエジプトの神トートが知性と月を両方支配しているというのも興味深い。バビロニアの神シンも英知と月双方の主人である。また南ヨーロッパ諸国では狂気は月の生き物によって起こされると考えられてきた。このような連想は、非常に古いものである。

月光を避けよという警告は多いが、とりわけ月光の下で眠ってはならないというものが目立つ。合理主義者であったヒポクラテスですら月光は悪夢を生むと言っている。タルムードは月光の下で寝てはならないといい、プルタークはこのような振る舞いは狂気を起こすと断言する。

裂け目は最初小さくともすぐに大きくなり
満月の潮のもとで堰をきってあふれ出す。（クーパー、一七八〇）

もちろんジキルとハイドも登場する。周知のロバート・ルイス・スティーヴンソンの物語の他にも、英国の労働者チャールズ・ハイドなる男の例がある。彼が殺人を含む犯罪で告発されたが、その行為は新月と満月によって引き起こされたという理由で釈放された。

この真夏の月は何か?
世界のすべてが狂い出しているのか?[64]

満月の夜にはあらゆる種類の犯罪が増えるというが、何か証拠はあるのだろうか。

一九五六年から一九七〇年にかけてのデーデ州で分析された殺人事件(一八八七件)は新月・満月の際にとくに殺人が起こる傾向が強いことを示している。同様の傾向が一九七八年のキュヤホガの研究でも見いだされている。これとは合致しない結果の研究もあるが、この理由については、ふだんは懐疑主義的なH・J・アイゼンクとD・B・K・ナイアスが興味深い理由を提唱している。[65]彼らは、ほとんどの殺人事件の件数は死亡時を採用しているのであって、犯行時ではなく、この二つにはかなり大きな時間的な差があるという。デーデ州の統計はたまたま犯行時を用いたものだったのだ。一九五六年から一九七〇年にかけてのフロリダの犯罪の統計は殺人事件が満月のときにピークに達し、新月のときにも再び発生率が上昇することを示している。オハイオでの研究も同様の傾向を示しているが、しかしそのピークは満月・新月の三日後にずれていた。オハイオの差は緯度が北にあるためではないかと思われる。

米国医療気象学研究所は、「放火、窃盗癖、暴走、殺人につながるアルコール中毒など強い精神異常性の犯罪はすべて満月のときにピークに達する。曇っているときでも、この傾向は変わらない[66]」と報告している。つまり、原因は月光にではなく月があるということ自体にあるのだ。

これに対する新しい説は、月の相よりもその地方の高潮の時刻（その地が海であろうとなかろうと）が重要なのかもしれない、というものだ。研究によれば月がその地域で最も高く上ったとき、つまり高潮のときが、犯罪が最も顕著になる。

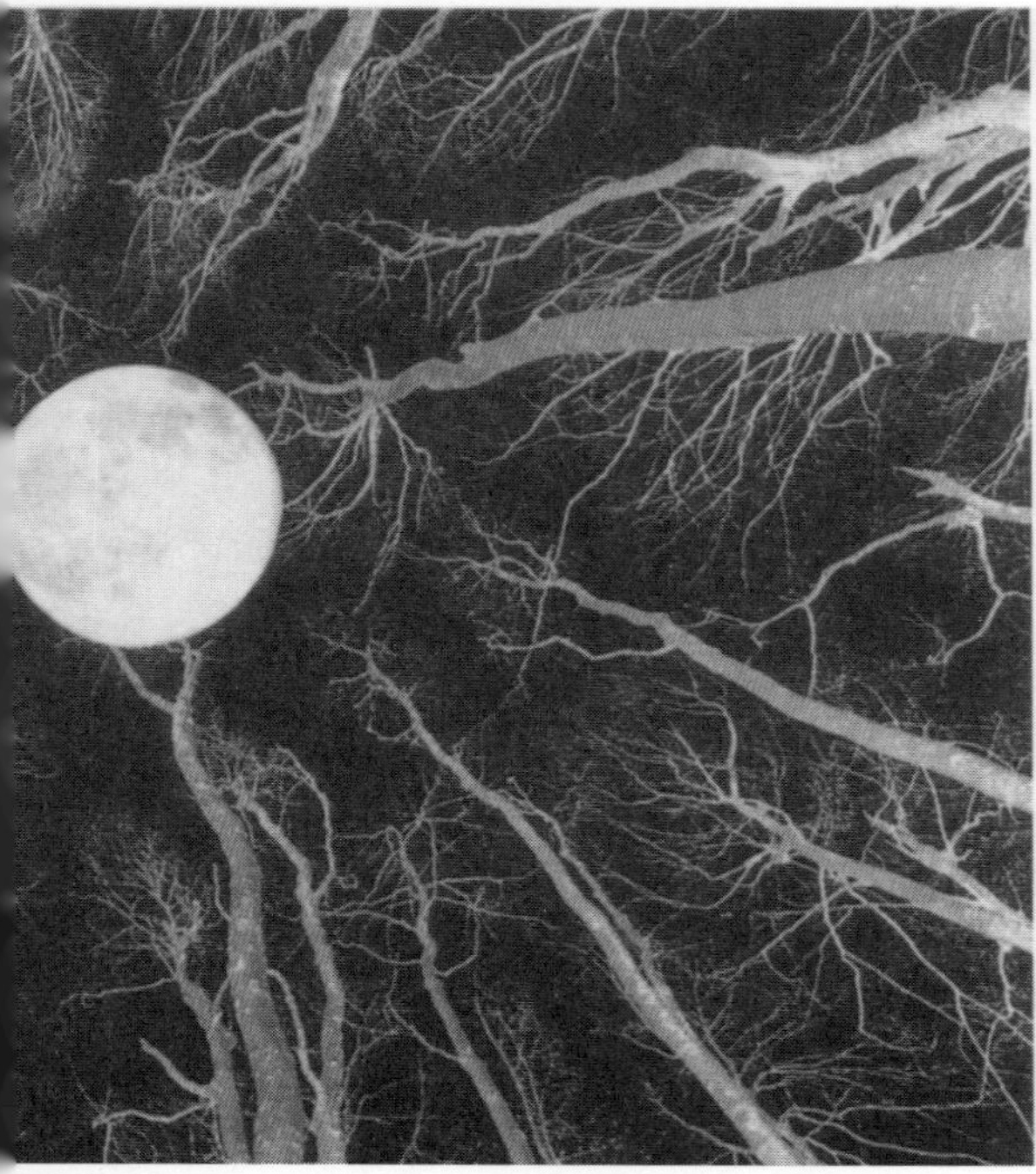

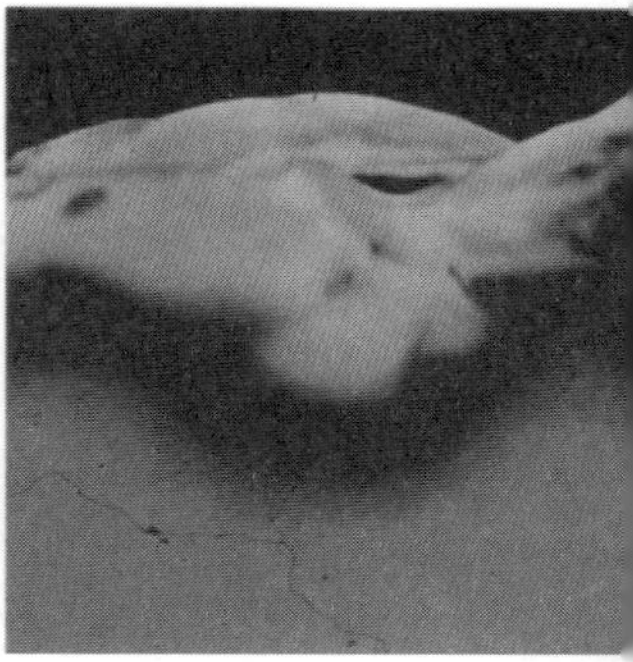

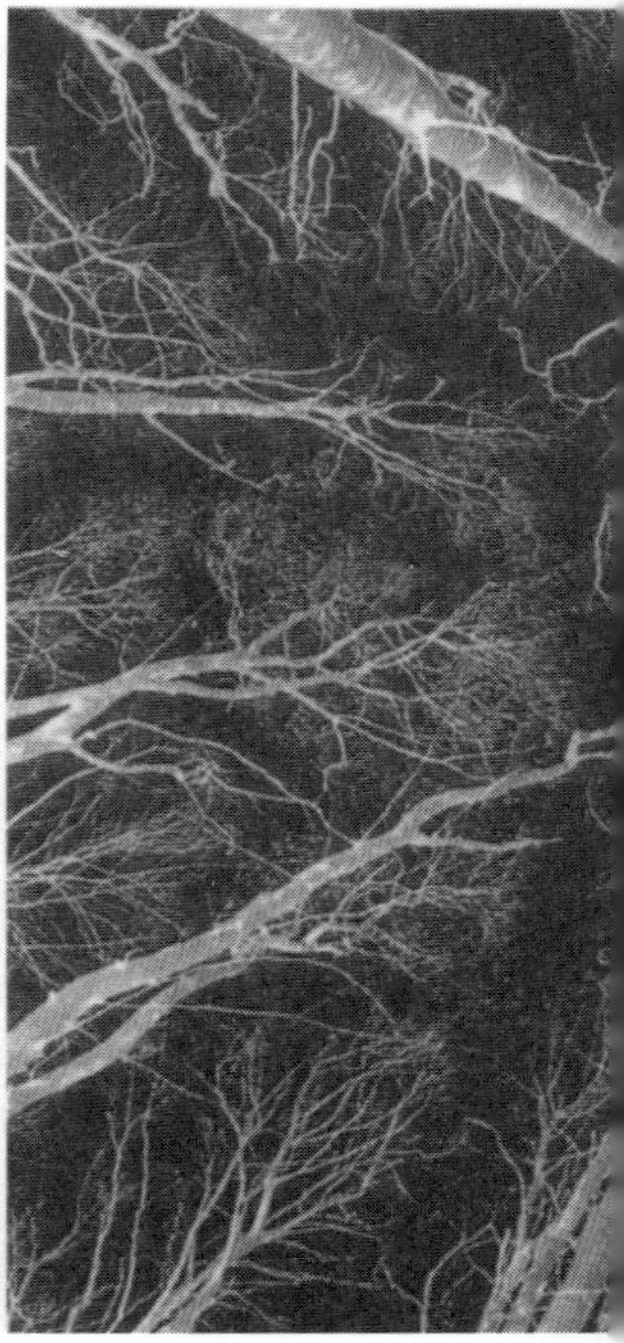

満月の狂気、という古い連想については、どのように証明すればいいのだろうか。一つの方法としては、月の相と見比べつつ、精神病院への入院患者の数を調べてみることだ、ただこれには罠がある。患者に入院許可が出るのに数日かかるからだ。とは言え、オハイオでの千件の精神病院入院数が調べられた。それによれば満月と精神病の発病の間には強い相関が見られた。

では、月の、脳に対する影響の測定についてはどうだろう。実はこの研究もすでになされている。神経学者レオナルド・ラヴィティ博士は神経管を流れる微弱な電流をミクロ・ボルト計を用いて測定した。そして新月と満月の期間にはそれに激しい変動があることを発見したのだ。彼はすでに不安定になっているような人々の場合には、新月・満月の期間にはその度合いが増すと結論している。[67]

このようなことがすべて事実だとするなら、月が心理能力に影響するということもあるのではないだろうか。澄んだ明るい光が我々にさしかかるとき、我々の存在の深みに隠されている何かが引き出されるように直感的には感じられる。だが、この科学と懐疑主義の時代のなかでは、もっと具体的な証拠をもとめなければならない。ある大胆な科学者が、捉えにくい心霊能力やテレパシーの測定に乗り出したことがる。その手続きを、まるでフランケンシュタインの創造よろしく、アンドリヤ・プハリッヒ[68]は語っている。

「一朔望月にわたる、十分な一連のテレパシー実験を準備するのに五年もかかった。……被験者はハリー・ストーンで、六ヵ月にわたる実験室での作業によって彼はコンディションを整えられるよう訓練された。……ファラデー・ケージが実験環境を一定に保つために用いられた。……カード合わせの実験がテレパシー能力の評価のために一貫して用いられた。スコアは二つのピークを示した。ひとつは新月、もう一つは満月の周辺であった。とくに後者がスコアを上げる傾向にあった」。

　プハリッヒはこれを潮汐を引き起こすのと同じ重力に起因するものだと考えている。月は特定の相のときに人間のテレパシー能力、クンダリーニ・エネルギーをより強く「引き寄せる」。多分、月経、人狼変身、さらに神秘な生命の流れとのつながりを示されたからといっても驚くべきではないのだろう。これらは古い観念だがまだまだ研究の余地はあるのだ。最後に、物質世界での発見を示しておくことにしよう。つまり、我々が信じてきたもののなかには一抹の真理があったのだ。

月は出血状態に影響することが証明された。アメリカの科学者エドソン・アンドリュースは外科手術における出血多量による危険状態の八〇パーセントは、満月の時を顕著なピークとして上弦から下弦の月の期間の間に起こることを発見した。彼はこのように結論している。「これらのデータは疑問の余地がなく非常に説得的だったので、わたしはまるで呪術医のように手術は闇夜だけにするように

して、月の明るい夜は恋のためにとっておくようになってしまいそうだ」。（L・ワトソン前述書より）
もし月が出血に影響しているのなら、人間の潮汐、すなわち心と霊の生命活動に月が影響しているという話もありそうではないか。

おお、美しき月よ！　その穏やかな光は、けれど
たしかに悪意をもって激情にかきたてる
信仰を抱き続けさせてほしい
あなたが人のなかになげかけるものには
繊細で、やさしく、癒しと平安をもたらすものもあるという信頼を(69)

第8章　月の光のもとに　儀式と祭儀

あるものは太陽神を崇拝し、またあるものは月を崇拝する(70)

新月の最初の光が見えたとき、ポケットのなかの銀貨をひっくりかえすこと、収穫の月を祝うこと、月にお辞儀をすること、これらの月に関する儀礼のなかには聞いたことのあるものがあると思う。あらゆる時代、あらゆる社会には、まだまだたくさんの月の儀礼があるのだ。

ある社会は、月の崇拝と同じく消え去った。聖書のなかでおそらく最古の書であるヨブ記は月の崇拝について語っている。

「太陽の輝き、満ち欠ける月を仰いで
ひそかに心を迷わせ
口づけを投げたことは、決してない。
もしあるというなら
これもまたさばかれるべき罪である。

天にいます神を否んだことになるのだから」［新共同訳］

これは、月に挨拶するという古代の行為のことを指している。著者は、もしこの風習を続けるならヤハウェの怒りを招くと恐れているのである。

東コーカサス地方の古代の住人たちは、月の神殿をもっていてそこに聖なる奴隷を囲っていた。彼らの多くはオカルトに通じていた。奴隷の一人がなにか普通ではない狂気の兆候を示すと、司祭長は神聖な鎖で彼をつなぎ、一年の間贅を尽くさせる。この期間が終わるとき彼は心臓を槍で貫かれて犠牲にされることになる。彼がどのように倒れるかによって予兆や前触れが読み解かれるのだった。

そびえ立つウルの巨大な塔ジグラットは、月神ナンナルに献じられていた。この塔は、紀元前三〇〇〇年頃に建てられた最古のジグラッドのひとつである。ナンナルの聖域が塔の基盤の部分に設けられ、神がそこを通じて降臨し神殿のなかに住まうことができるようにされた。こうして天と地はつながれたのである。

また難事があったときに月に助力を祈るものもいた。エスキモーの共同体ではシャーマンはトランスに入って月に「旅」をし、女神を慰撫するのだった。その間、肉体は助手によって見守られる。旅の途中、魂は危険にさらされることもあるからだ。彼は「帰還」するとグリーンランドで動物たちの主人であるとされている月を怒らせたタブー違反の行為が何であったかを告げるのだ。

月崇拝

宗教と迷信の中間のような行為も数多く存在する。一七世紀には「野蛮なアイルランド人」が新月の前にひざまずいて主の祈りを唱えたことが記録されている。ヨークシャーでは人々は裸足でひざまづき新月を実際に拝んでいた。「はるかなる月よ、神が恵みを与えたまうよう」と唱え新月に挨拶することはそのころふつうに行われていた。「非常に高貴で由緒ある家の」ローマの婦人たちは小さな三日月形のお守りを靴につけていたとプルタークは語る。このお守りは月光を受け止めて、それが頭に入って損傷を与えるのをふせぐのだ。

一五世紀のある著述家は「最近では人々は太陽や月、星々を崇拝している」と嘆いている。一四五三年ハートフォードシャーのある肉屋と人夫は、神はなくただ太陽と月があるばかりだと主張したかどで正式に告発された。一七世紀にキダーミンスターの教区を引き継いだリチャード・バクスターなる人物は「キリストが太陽で、……聖霊が月だと思っている者がいる」ことを知って衝撃を受けた。(71)また魔女の疑いをかけられたエレン・グリーンは、一六一九年に「特定の月の相のときに精霊が彼女の血を飲むためにやってきた」ことを自白した。

ドルイドによる神々への犠牲の儀式が、プリニウスによって語られている。それは新月から六日目に執行されねばならなかった。そこではオークの木からヤドリギが切り取られる。「宴と、犠牲の二四の白い牡牛の準備がなされる。白いローブをまとった神官が木に登り、黄金の鎌で寄生木を切り取り、白いマントでそれが受け止められる。そして牡牛が犠牲にされる」(72)

201　月の光のもとに

月を凝縮させる

月が冷たく、湿ったものであるという古代の信仰は、月が雨や水滴の源であるという確信を生むことになった。錬金術師たちは、銀を磨いて作った大きな鉢で月光を集め、凝縮させようとした。ちなみに、太陽が黄金と結び付けられるように、銀は月と結び付けられていた。また、こうして新月のときにポケットのなかで銀貨をひっくりかえすと幸運であるという迷信が生まれた。イギリスでは初めて新月を見たとき、それを指さすのは不吉だとされていたし、新月には帽子をもちあげて挨拶するという風習があった。だれかが新月のときに他界すれば、近いうちに身内にさらに不幸が重なるとも信じられてきた。

　ムーンストーンはインドでは聖なる石とされ、やはり聖なる色である黄色の布の上でのみ、飾られるのだった。これは恋人たちに珍重され、彼らに未来を見る力を授けるとされた。そのためには満月のときにムーンストーンを口に含むのだった。また、なかには月の相にあわせて色や模様を変えるムーンストーンがあるとも言われている。また、特別な祭りのときには古代インドではソーマと呼ばれる酩酊性の飲み物が作られた。その材料となる植物は植物の王とされ、月と同一視された。ソーマはおそらく大麻から作られ、明らかに現在のインドで作られている。ヒッピーに親しまれる大麻飲

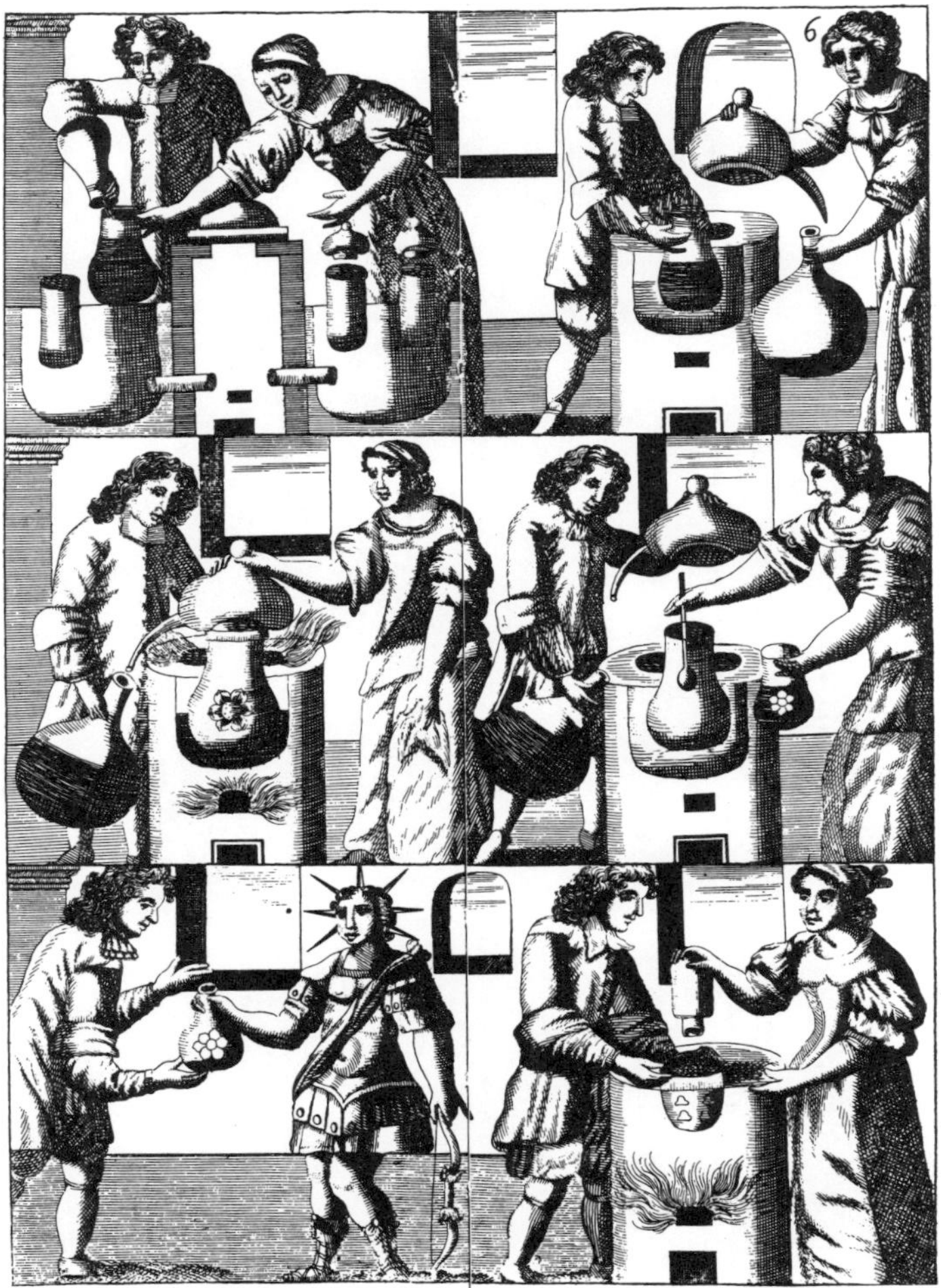

錬金術師は月光を濃縮させようとした。月は長らく、あらゆる植物の生育をつかさどるとされていたのだ。

料と似た効果をもっていたのだろう。月はすべての植物を支配するとされたが、ことにソーマの原料の植物はお気に入りだったようだ。(73)

天の牧者

ズールー族の天の牧者は天空の事象を読む専門家だ。天の牧者になるには志願者は、体を切られたり、犠牲にされたり、割礼をうけるといった準備と参入儀式を経なければならない。参入儀式という言葉はさほど魅惑的に響かないかもしれないが、実際には非常に名誉あるものとされている。この儀式は新月の兆しが最初に見えたときに志願者が天の牧者の家にやってきたときにだけ行われる。そして月が満ちたときには参入者は叡知と知識を完全に備えたとみなされて天の牧者としての地位を得る。(74)

ペルシャでは獅子の像が勇敢な戦士の墓におかれた。臆病な戦士は、満月の夜、その勇敢さを吸収すべく獅子の下を何度もくぐらねばならなかった。

月の様々な相には、それぞれの習慣や儀式がある。新月には、とくにこの類いが多い。たとえば、暗い月の期間から、新しい光が戻ってくるのを歓迎し、こんなふうに言われる。「祖父よ、平和でいさせたまえ」。あるいは「おお、月よ、空気の精霊デングの娘よ。御身が善のうちに現れるよう神に祈る。人々が御身を毎日みることができますように。そうなりますように」。これは南スーダンのヌエル族が新月を見たときに唱える呪文である。彼らはこれを唱えながら、灰を額に十字の形に塗り付け、そしてキビと一緒に灰をまく。(75)

月のさまざまな相には固有の儀式や儀礼がある。

北半球で太陽が力を取り戻し始める冬至のときには、ボルタ川上流のモッシ族は新年の到来の儀礼を行う。この儀礼は冬至に最も近い新月の日に行わなければならない。この時は、太陽の経路を開くのに最適なのだ。王宮への続く実際の道は、このとき草を刈られて清められる。王は前もって宮殿を出ており、道が清められた後に、太陽と同じように帰還する。冬至はまた、アフリカのいくつかの部族にとっては薬草を貯蔵するときでもある。しかしこれもまた冬至にもっとも近い新月の日に行わなければならない。スワイ族の王への助言役は、太陽と月がいい状態になるのを見定めるために朝夕の空を観測しなければならない。

月に挨拶する

西太平洋のドブ島民は、幸福を象徴するとされる、新月の兆しを待ち焦がれている。子供たちは歓声をあげて新月に挨拶する。しかし、これは重要人物が夕食をとっている間は禁じられている！　彼らはまた新月の現れを祈念して讃歌を歌う。

ケダグワバを越えて新月は背を向ける
彼らはそれを呼びもとめる
彼らはそれを呼びもとめる
彼らは幸せだ

彼らは道を見る
彼らは我らを探す
彼らは我を探す
彼らは見る。(76)

エスキモーは、新月の際に、氷で作られた彼らの家に雪を持ち込めば春になってアザラシがよく捕まるようになると信じている。というのも、昇る月は海の水を溶かす力を与えるというからだ。(77) 満月は成就の儀式にふさわしいときである。異教の時代には三月の満月の際に種が蒔かれ、月の宴が催された。

月見《ツキミ》、という特別な言葉もあるほど、月を眺める行為は日本では長らく親しまれてきた。なかでも九月の収穫の満月「十五夜」はそのなかでも格別のものだ。

日本では一年を通じて満月は大きな重要性を担っている。太陰暦で最初の月の一五日は「小さな正月」、小正月を祝う日であり、祖先が戻ってくるという仏教の死者の祭は旧暦七月の一五日に行われる。(78)

多くの宗教は心霊能力の「高潮」期だとして満月を重要視している。仏教とは五月の満月、ウエサクの月を祝っている。これはゴータマ王子が木の下で瞑想していたおり、悟りを開いた日に当たる。ヒンドゥー教の神シヴァは、しばしば満月の下で瞑想している姿で描かれる。

ギリシャ人は、満月の日を結婚に最も縁起のいい日だとしてきた、エウリピデスの「イフェゲネイア」の中で、結婚の日取りを相談されたときアガメムノーンは「満月の、祝福された季節がやってきたら」と答えている。

黒の月と白の月の薬

暗い月にも、それにまつわる風習がある。バビロニア人は「暗い月」は非常に危険な時期であって、精進潔斎や宗教儀式によってのみ、乗り切ることができるものだと考えていた。西アフリカのティヴ族は、「月の闇」の期間は最も風邪をひきやすく、魔法にもかかりやすくなると警告している。バリ島民は、九番目の月の暗い月の期間を島から悪魔を追い出すのにあてていた。人々はこのとき主要な寺院に集い、交差路の悪魔に捧げ物をした。僧侶によって祈禱が詠み上げられ、角笛が吹き鳴らされて悪魔のために準備された食物の前に彼らを呼び出す。人々は寺院のランプからたいまつに火を灯し、通りを練り歩き、人々はこぞって悪魔にむかってわめき立てる。人々はできるかぎりの騒音をたて、続く一日は完全な静寂に包まれる。

月の相の変化よりも頻度は少ないとは言え、自然界の最も劇的な現象のひとつである蝕は当然多くの儀式を発生させた。オジェブウェイ・インディアンはそれは太陽が消えることだと考えていた。彼らは太陽に再び火をつけようとしてを火矢を放つのだった。ペルーのセンキス人も同様のことをするが、それは太陽と戦っていると考えられた野獣を追い払うためであった。ギアナのアラワク族は日食は太陽と月がとっくみあっているのだと考え、この二つを引き離すために恐ろしい叫び声を上げるのだ。

月食のときには、オリノコ族のなかには燃えさしの薪を地中に埋める部族もあった。月が消えてしまえば、目につくもの以外の地上の火はすべて消えてしまうだろうからだった。

チルコティン・インディアンは、食が終わるまで旅をするかのように衣の裾をたくしあげ、重い荷物でも背負うように、杖をついて円を描いて歩き続ける。これは、疲れ切って天を歩む太陽に助力を与えるはずだった。

同様に古代エジプトでは地上における太陽の代理人たる王は、神殿の壁の回りを歩き回る。食やそれに類する障りなく、太陽が確固たる歩みを維持するためにである。

すでに述べて来たように月は豊饒をもたらすと強く信じられていたので、これに発する月の儀式も豊かに生まれて来ている。ある南アメリカの儀式は男のペニスを大きくさせるという。満月の夜にム

コヴィ族の少年は鼻を引っ張って、自分の男性を大きくしてくれと月に頼む。また別な儀式では協力者が必要だった。古代のアラウカ族は月はその相によって少女、妊婦、老婆に宿ると信じられていた。満月の夜、踊りながら男たちは指の太さほどの羊毛のロープをペニスに結わえ、それを女たちや少女が引っ張る。記述によれば、この後には「みだらな光景」が続くのだという。[79]

ツワナ族の伝統的な居住地は、月をモデルとすることで設計されている。始めクトルガ（村）は無秩序に広がるように見えるが、しだいにそれは月が満ちるように三日月の形になってゆく。ツワナ族はそれと家族の増加を関連させているのだ。この二つは両方、月が満ちるように増大してゆく。そして円形の居住地が完成したら、これもまた月のように新しい村を作るときなのだ。

バヌ人の父親は、重要な通過儀礼であるヤンドゥラ儀礼を受けるまでは子供を抱こうとしない。母親が月経を再び初めて最初の新月の夜に、母親は松明をもって、月に向けてふりかざす。祖母は赤ん坊を空中に投げ上げ、「おまえの月だ」と言う。その後、母は赤ん坊を灰の上に乗せ、そのあとで初めて父親は子供を抱くことが許されるのだ。この儀式は子供が母親から父親へと移って行くことを象徴している。月と灰は冷却を象徴しているのだ。子供は、月が幼児の状態であるとき［新月のとき］暖かな母の領域から父親の、冷たい、社会的な世界へと移行するというわけだ。[80]

アフリカのラケル族は、女性がその兄弟や母方の伯父との間に悪感情をもつと、妊娠できなくなると言う。これを治すには月が欠けて行くときに男性の側がヘアピンで女性の口に発酵した米を入れ、そして新月が上るまで二人が無言でいなければならないのだった。

月にかかわるすべての風習や実践のうち、今日最も知られているのはおそらく医療的なもの、つまり民間薬と言われるものだろう。だがそんな治療法のなかには病気よりもひどそうなものある。

南アフリカ、ナタルのトンガ族は憑依されたり、病気の人をいやす複雑な儀式をもっている。患者は血液、汗、そして涙などでいやされる。ただし、月が適切な状況にならねばならないが。彼らは病は月との適切な関係が失われたために起こると信じている。したがって、儀式の開始は新月の日だけに限られる。儀式は何日も続くが、そのなかにはドラムを打ち鳴らすことも含まれている。そこで「患者」は火に飛び込むが、見て取れる外傷はできない。続いて、彼は目を開けたまま水を入れた器に頭を突っ込み、新しくなにかを見るのだ。ときには鶏、より好ましくはヤギの血液が飲まれる。体が清められるころには彼と月との間に調和が戻り、患者は正気に戻る。[81]

民間治療のなかには、月を「処方箋」の一部に用いる風習や実践法が多く存在する。スイスのある病の治療法には月が欠けて行くときに手と足の指の爪を切り、切り屑をカニの殻の下に押し付ける。するど熱が下がるという。アメリカの比較的最近の風習では、帯状疱疹は純潔な黒猫の血液、それも月の光の下で殺された猫の血液が効くという。このとき、血は数時間にわたって皮膚につけられなければならない。この方法が実際に行われたことを示す文献的な証拠もある。旧ロスアンゼルスではこれを金の指貫きの上に吹きかけ、患部にあてて三度回し、輪癬を治療した。これはすべて月の光のもとで行われた。ハンプシャーのニューフォレストでは病んだ人々は自身を治療しようとして首に穴のあいた石をぶらさげた。これらの石はその前にまず、満月の光りに三夜さらさねばならなかった。

月を用いてイボを治す方法も数多くある。たとえば、もし月がちょうど欠け始めるときに死体を手にすることができれば、手で死体を三度こすり、次にその手でイボにふれるとよい。これよりもう少し控えめな方法もニューハンプシャーで用いられている。満月の夜にイボを豆でこすり、そしてそれを肩越しに投げる。テキサスでは——そう、ここではすべてがおおげさになされる——月光の下で猫の死体が木の大枝ごしに投げられる。イリノイでは、すべてが単純になる——ここでは、新月になった夜に、体を屈し、足の下にあったものを取り上げてそれでいぼをこすり、そして左肩ごしに投げる。

サンディエゴの伝承では子供のヘルニアは満月の力を借りて治療することができるとされている。満月のときに若い柳の木を縦に切り、子供にその間をくぐらせる。次に木の二つの部分を結び合わせ、それがくっついたときには、ヘルニアは癒されるという。

新月の後の土曜の真夜中から日曜にかけて十二人の裸の若者と乙女が村の七つの耕地を耕せば、ペストは収まるという。これは南スラブ諸国の風習で、そこでは耕している人々に話しかけたり、触っ

たり、好色な視線を向けることすら禁じられている。古くハンガリーでは新月の夜に不具の人は夜露を集め、盲目の人は目をそれで洗ったりした。

なかにはもっと個別的な月の治療法もある。例えば、歯の穴は月が欠けるときの下弦の月のとき、しかも月が黄道の不動星座（みずがめ座、おうし座、しし座、さそり座）にあるときに詰めなければならない。歯は満ちて行く月の期間、しかも月がうお座、ふたご座、おとめ座、いて座、やぎ座にあるときにのみ抜くべきである。それぞれの義歯仮床には、個別の適切なときすらある。月が欠けゆくとき、不動星座のひとつにあるときに作らねばならない。ウオノメ、体毛、イボなどを取りたいときには不動星座（みずがめ座、おひつじ座、しし座、いて座）で下弦の月があるときにする。しかし外科手術は月が上弦になるまで待つべきである。そうすると傷の治りが早いという。

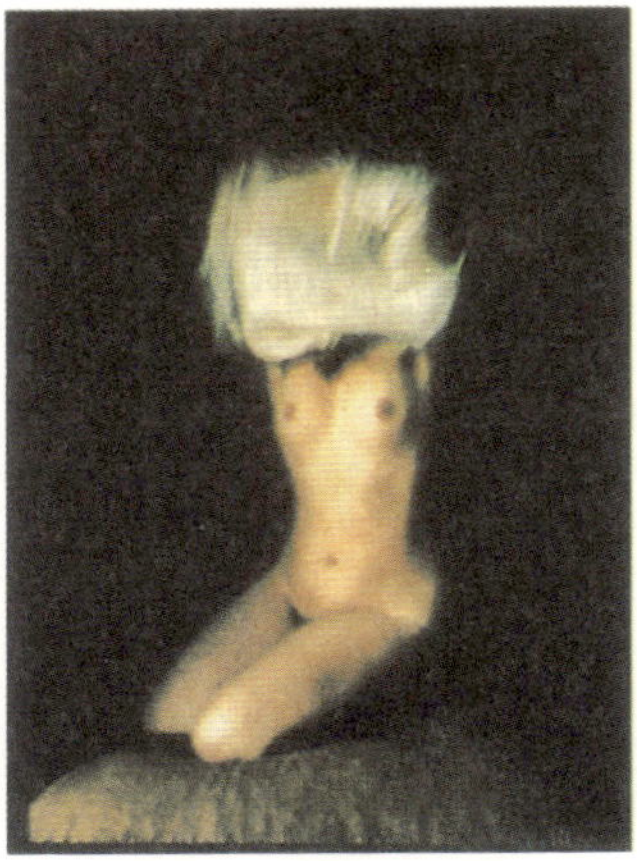

月にまつわる儀式の中でもとくに一般的なのは健康にかかわるものだ。
月光によってイボを治す方法は世界中に見ることができる。

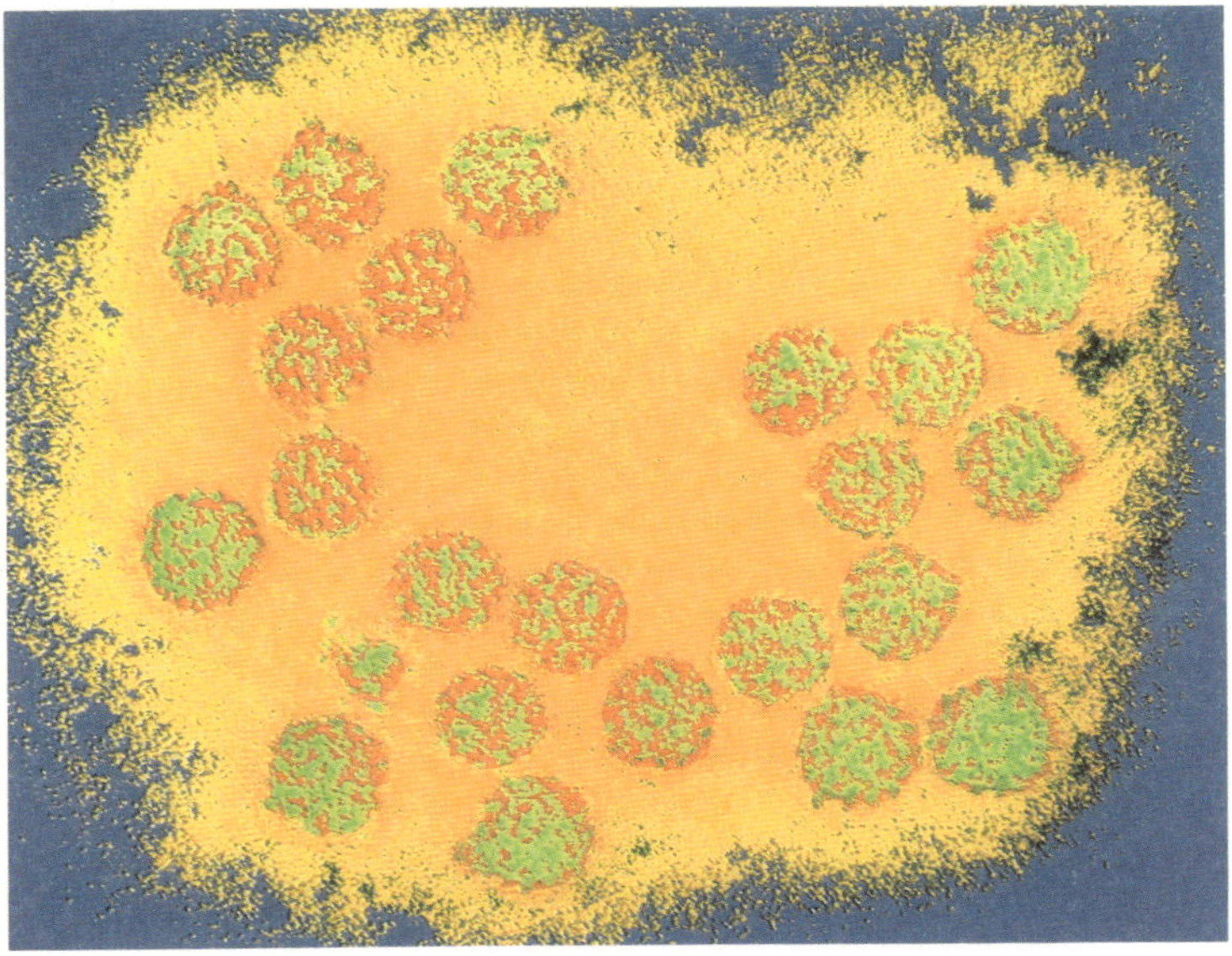

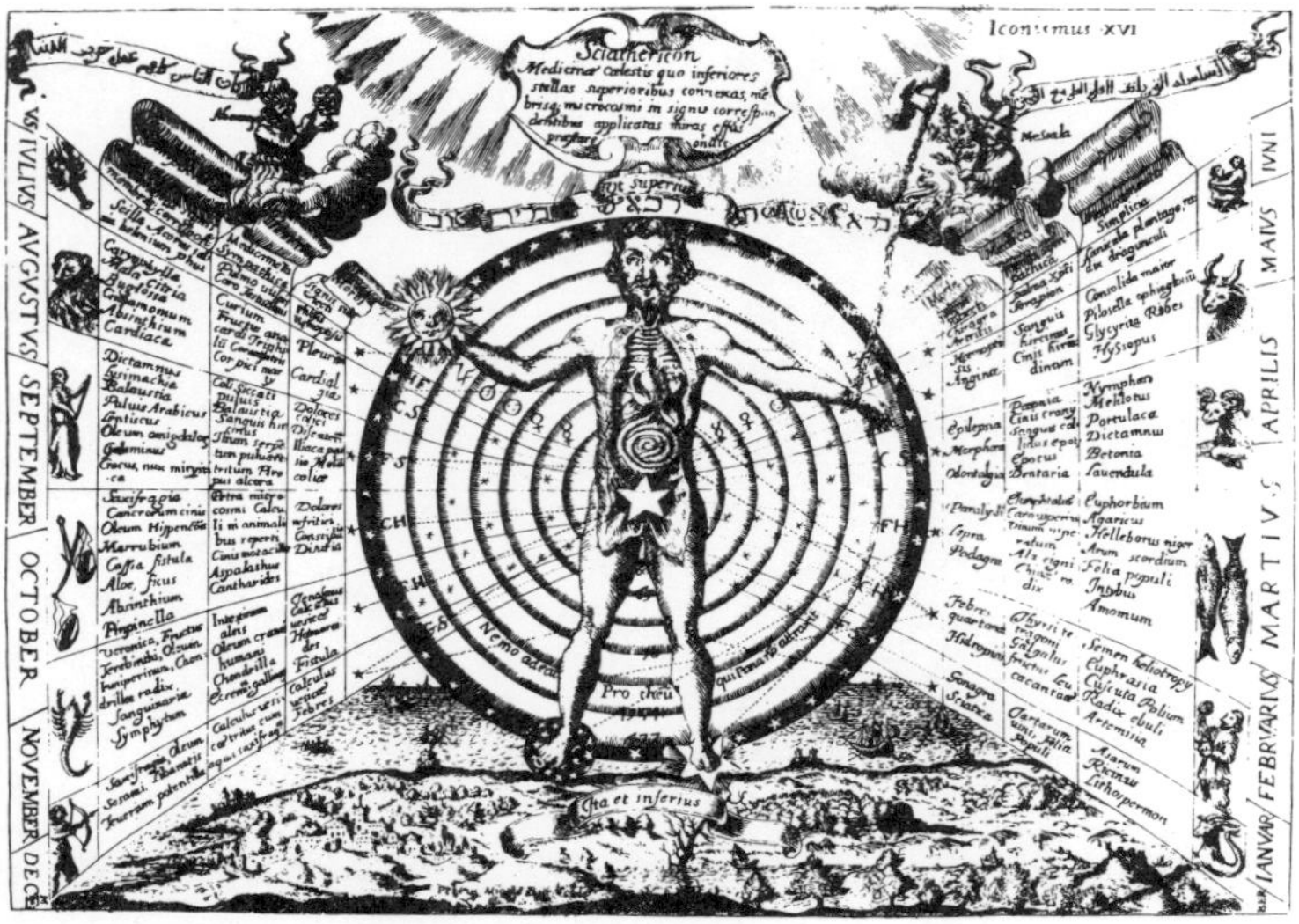

中世の医学では人体の各部分は、一二星座のそれぞれに支配されると信じられた。ザリガニは月の影響を表している。

締めくくりにナポリの風習を紹介しよう。女性は胸を大きくするのに月の豊饒の力を引き寄せる。月光の下で、衣服をすべて脱ぎ、この呪文を九回唱える。「サンタ・ルナ、サンタ・ステラ、ファミ・クレセレ・クエスタ・マムメッラ（Santa Luna, Santa Stella, fammi crescere questa mammella）」。その意味は「聖なる月よ、聖なる星よ、わたしの胸を大きくしておくれ」である。胸の成長は月が大きくなるのと歩調を合わせる。この方法については実験がなされているが、九〇パーセントの確率で成功する結果がでた。これがただ気のせいにすぎないのか月の影響力のためなのかは、自身で判断されたい！

第2部

月を越えて

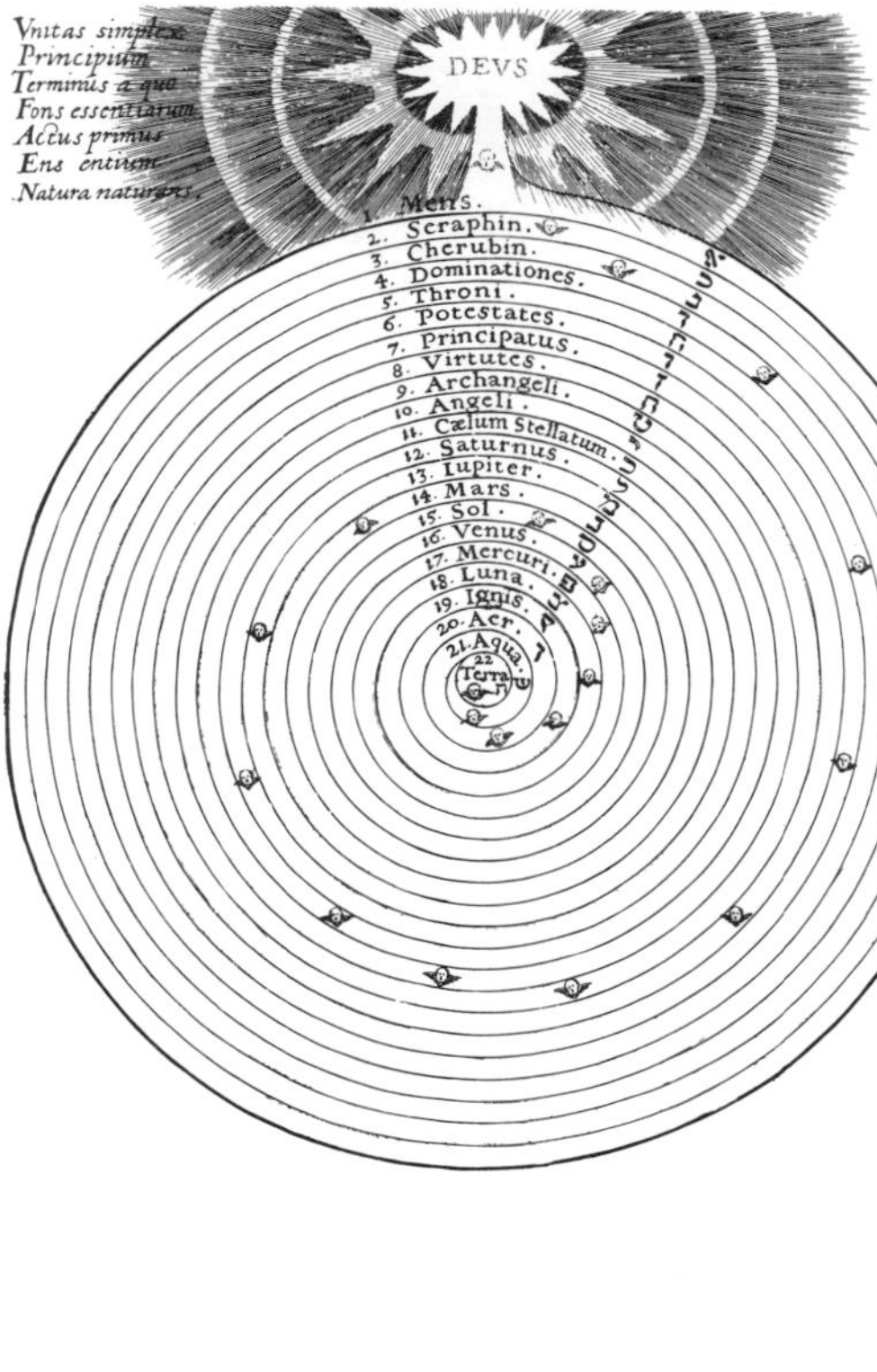
Vnitas simplex
Principium
Terminus a quo
Fons essentiarum
Actus primus
Ens entium
Natura naturans.
DEVS
2. Seraphin.
3. Cherubin.
4. Dominationes.
5. Throni.
6. Potestates.
7. Principatus.
8. Virtutes.
9. Archangeli.
10. Angeli.
11. Cælum Stellatum.
12. Saturnus.
13. Iupiter.
14. Mars.
15. Sol.
16. Venus.
17. Mercuri.
18. Luna.
19. Ignis.
20. Aer.
21. Aqua.
22 Terra

第1章　月の巨石

我々は月が歴史を通じて大きな畏敬の念と敬意をもって扱われて来たのを見てきた。人間は月の女神を創造し、女神を讃えるための儀式や祭儀を執り行っても来た。このセクションでは、月がいかに我々の生活に影響しているかということの明白な証拠、いかに月が我々の毎日の在り方とかかわっているかを検討することにしよう。

イギリス、ヨーロッパ、中南米にはいずれもひろく古代のストーン・サークルやメガリスがある。何世紀もの間、多くの人々はそれを意味のないものだと誤解していた。しかし、それらが里座標や壁を作るために切り崩されたときですら、ある人々にとってはその神秘は厳然としてそこにあるように感じられた。たとえその重要性がはるかな残響としてのみ感じられていたのだとしても。

今日、多くの人がこのこだまを拡大し、耳を傾けようとしている。そしてここでも、時の霧を超えて月の声が聞き取れるのだ。巨石を「神々の古い神殿」と呼び、ここで「ある種の言葉で新月が崇められて来た」と述べた、一六世紀のあるスコットランド人歴史家は、わずかながらも知るところがあったのだろう。彼らは巨石を「新月を、何か称賛の言葉をもって崇める」、「古い神々の神殿」と呼んでいた。そこで唱えられた言葉はわからない。しかし今や科学はこれらの石と月とのつながりをますます明白にしつつある。

では、この積み上げられた石と月との間にどんなつながりがあるというのだろう。これから見るように、実は巨石のいくつかはある種の天文学計算機として立てられ、月の重要な動きが予測できるように建設されているのだ。

しかし、そのほかにも、さらに神秘的な月とのつながりもある。巨石の多くは、それを建造した人々のなかでの月の重要性を示している。月は、彼らのスピリチュアルな信仰の中心を占めていたように見える。多くの石は月が最も高く上る点、低く下る点にあわせられている。これは祭儀的な目的をもっているのだろうか。おそらく、月の円運動を反映するように立てられた輪によって、天を運行する月のエッセンスを「捕らえよう」としたのではないだろうか。

どうして、月がこれらの建造物を作った人々にとって重要だったといえるのか。まず、街灯が月のない夜の漆黒の闇を照らすことがなく、指一本で灯のともる明かりもなく、我々の知る以上に月の夜が重要だったころに我々がいると想像してみなければならない。そしてそこでは月の毎月の周期は、太陽のゆっくりとした一年の動きよりずっと見やすく、有効な時間を測定する尺度だった。

ここで、月を頭において建造されたと思える遺跡をいくつかみてゆくことにしよう。

荒涼とした海岸、地平線に背の高い薄い石が円環上に立っているのが見える。これは、北西スコットランドのヘブリディス島にあるカラニッシュ立石だ。それが建っている場所の荒涼さを考えるだけでも謎が大きなものとなる。ここでは生きるだけでも大変なのに、なぜこれほど労力を用いてこれを建てたのだろうか。

今日天文学者は、その中央のひときわ大きな柱と環状列石が蝕の予測と月の運行の計算に用いられたと信じている。石の列は［太陽と月の］上昇の方角から並べられ、また石は太陽と月の重要な運動に併せて配置されている。

しかし、もう一つ、謎は残っている。一世紀前、火葬にされた人骨が中央の柱の下から出て来たの

天文学者は、古代の立石の配列の多くは観測所として用いられたと信じている。

だ。これは、月に関係した埋葬儀礼によるものだったのだろうか。死の状況については推測の域をでないが、しかしこれはこの古代の男が月と天空と生と死の神秘とのつながりを強く訴えたかったように見える。(83)

カルナックやブルターニュには無数の列石があり、文字通り何マイルにもわたって驚異的で神秘に満ちた配置をなしている。これらは、一体どのような目的をもっていたのだろう。今日に至ってもそれを知るものはだれもいない。ただ、そばにあるロクマリアケのラ・グラン・メンヒル・ブリゼのモノリスは月の運行計算に用いられたということはほぼ確実に言える。この石は現在四つに砕けているが、もともとは少なくとも三五五トンの重量があり、二〇メートルの高さに及んでいた。これは多分、一八・六年の周期をもつ、月の出と月の入りの四つの主要な極限位置を示すための指標となるのだろう。月の出のための四つと、月の入りのための四つの、つごう八つの観測地点が必要だったはずだが、モノリスの研究によって、これらの理論的な点のうち、少なくとも四つが、土塁や石という形で現存していることがわかった。

メリー・メイデン［愉しき乙女、の意］はイギリス南西部、コーンウォールにある、小さな石でできたすばらしいサークルである。これは、サバトの夜に踊っていた少女たちが石に変えられたものと伝えられている。ランズエンドにあるほとんどのサークルと同じように、最も高い石は西南西におかれているが、これは最低点の月（minimum moon）を示す天文学的な座標として機能したことを意味するのだろう。

225　月の巨石

多くの新石器時代のストーン・サークルにはもともと中央に三つの大きな立石からなる空地があった。三つの石は今や倒壊してしまっているが、英国のダービーシャーにあるアーバー・ロウはそのひとつである。ここでも月と死のからみが見られる。というのも、この窪地は葬礼が行われた墓室への入り口のようだからだ。アーバーではこの空地のそばから人骨が埋められているのが発見された。オーベリー、ストーンヘンジ、アーバー・ロウなど西ヨーロッパ各地で見られる、これらの壮大な立石のサークルやほかの配列は紀元前二五〇〇年の昔から存在しており、いまだに多くの神秘をたたえている。これらはすべて、純粋に観測のためのものにしては必要以上に大きなもので、そのことからなにか儀式的な役割を果たしていたと思われる。

イギリスのエイブベリーのそばにあるシルベリー・ヒルは、太陽と月両方に、それも収穫の時期にもっとも重要な役割を担うように関連している。当時のことは推測するしかないのだが、しかし六本の角の対という古代の女神／月のシンボルがこの地に埋め込まれていたのが発見されている。エイブベリーの聖域では一四歳の少年の埋葬地を矢軸が示していた。少年はすべての骨が折られており、胎児のような姿勢で右側を下に、東面して埋葬されており、しかも若い雄牛の骨が角の護符とともにその頭上におかれていた。考古学者はこのような供犠が冬の始まりに死に行く大母神を慰めるためになされていたのだろうと信じている。農耕暦においては月は太陽より重要な役割をもっていたので、このような儀式はおそらく暗い月の夜に行われたと思われる。(84)

英国、ケントのキッツ・コティ・ハウスは冠石をのせた三つの石からなるドルメンである。ここで

227　月の巨石

▲イングランド、ダービーシャーのアーバー・ロウ。
▼イングランドのウェスト・ヨークシャーのダブラー・ストーン
は月を表すであろう先史時代の彫刻やくぼみで覆われている。

▶イングランド、ランズエンドのメリー・メイデン。

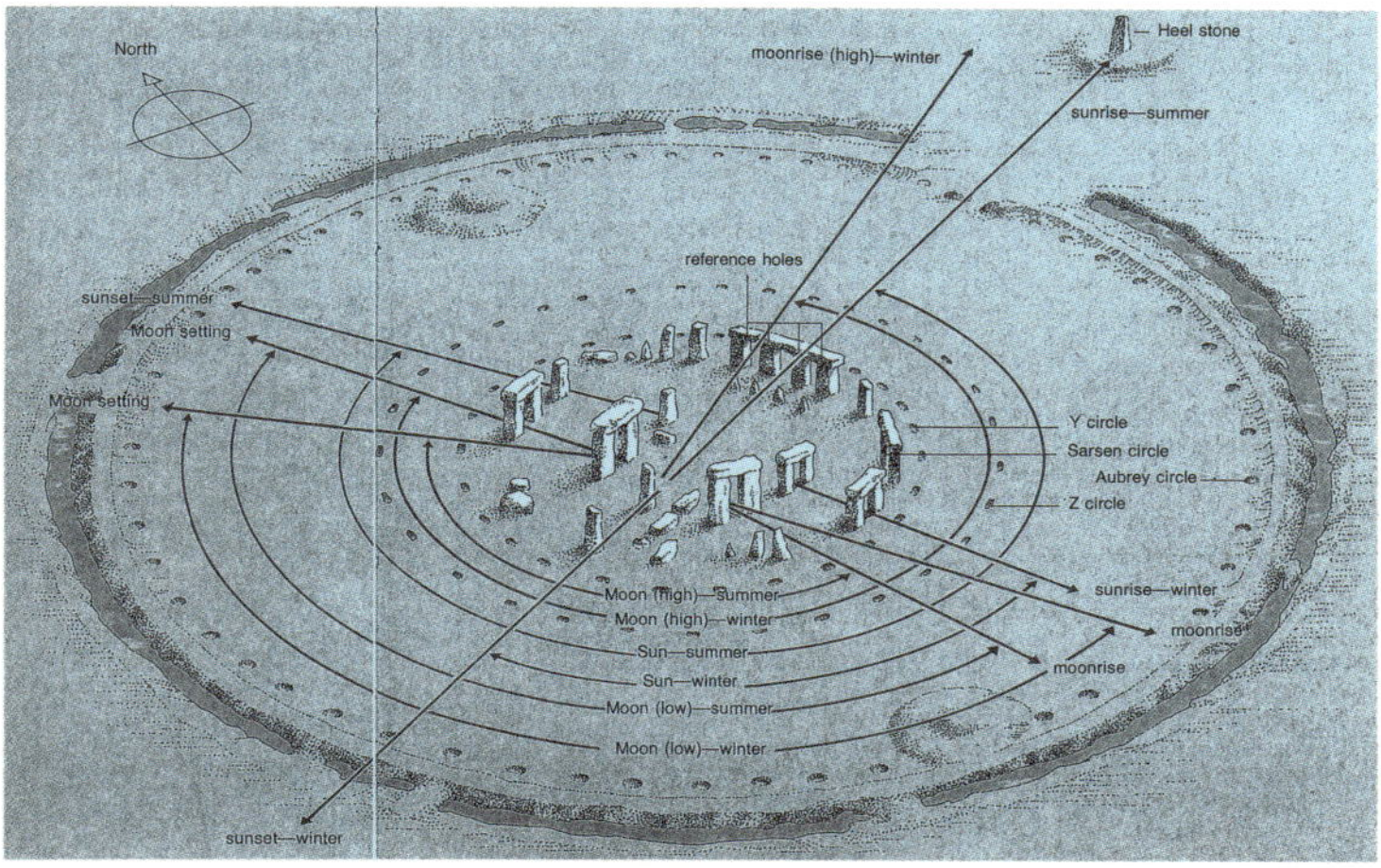

ストーンヘンジは天体を観測する巨大な観測所として機能する。夏至との関連はよく知られているが、今では月との相関も同様に重要であることが明らかになっており、しかもこれは建設の初期の段階にまでさかのぼる。

行われていた、長らく尊重されていた儀式は一見意味のないものに見えるが、しかしそれは多分、はるか古代の儀礼の名残なのだろう。満月の夜、冠石の上に何かをおいて、石の回りを三度歩いて回るとそのものが消えるというのだ。一体このようなことをしたいと思うものがいるのだろうか。おそらく、このドルメンが新石器時代の埋葬室だったという事実は、かつてここで犠牲の儀式が行われたということを示しており、今のまじないはそのはるかな残響なのだろう。

太陽・月・星を観測する道具が発明される以前には、その位置を図る唯一の方法は地平線から天体が昇降する点を記録することだった。これを行う最も簡単な方法は、地平線上の目立つ自然の光景、たとえば山頂などによって月の入りの点を記録することだ。そして、二つの立石をたてて観測地点を記し、地平線の指標を示すようにする。石（背後の視点）から地平線の目印（前の視点）にひいた線が列となってゆく。このようにしてさらに複雑な月の動きが蝕を予測するために用いられた。

月の天文台はおそらく紀元前二八〇〇年頃に建設がはじまった。ストーンヘンジの最初の構造ができたのもこのころである。イギリスとブルターニュの巨石モニュメントのほとんどは儀式的な目的とともに月の観測台としても用いることができた。これらの観測台はさまざまな形と大きさであった。石やサークルのほかにも、カーサスと呼ばれる大きな土塁路がある。（ストーンヘンジのそばにもあるし、ドーセットのものは六マイルもの長さをもつ）。

これらは月の主要な相における出と入りを示す地平線上の指標と一致するようになっている。単独のメンヒルも土塁や遠くの丘に掘られた指標と併せて使えば同じように使うことができる。月の動きを記すことへの関心は決して気まぐれからのものではなかった。それは約一〇〇〇年にわたってこれらの構造物に備えられ、果たした機能だったのだ。

最も有名なストーンサークル、ストーンヘンジの場合はどうだろうか。これにも、月の要素が見られるのだろうか。一九六〇年代のジェラルド・ホーキング博士のコンピュータ計算は、ストーンヘンジは夏至に合致しているばかりではなく、春秋分点と夏冬至における太陽と月の出入りとも合致していることを明かした。また、ストーンヘンジが蝕を予測するコンピュータとして用いられていたであろうことも明らかになった。

ストーンヘンジは今日、夏至の日の出の祝祭で有名――あるいは悪名高い――である。ストーンヘンジの中央から見ると、ヒール・ストーンは紀元前二九〇〇年の、夏至の太陽が昇った地平線上の位置を記している。これにくらべればあまり知られていないが、これはまた月を観測するための指標でもあった。

これらは幾世紀にもわたる月の出の位置の変動の観測の結果だった。溝や土手が造られる以前は、月の出の位置は杭の列で記録されていた。これらは一七世紀にこれを発見したジョン・オーブリーの名をとってオーブリー穴と呼ばれており、それは少なくとも一世紀の期間にわたって北限の月の出の指標となっていた。

それらは一八・六年の周期で変動するすべての位置を計算にいれた上での、冬の月が昇る場所を示していた。メジャースタンドスティルへ至るサイクルの中点から四分の一の位置にあるときには、月

は二つの右側の柱から昇る。また、月が半周してメジャースタンドスティルにいたるときには二本の左の柱の間から昇った。ヒール・ストーンと小さい石の列は外にあるマーカーとして機能している。月はその最大位置にあるときにはストーンヘンジの軸が示す真夏の日の出の位置の北から昇るが、最大位置から九年後、つまり月のサイクルの半分が過ぎたときには二つの点は一致する。つまり、ストーンヘンジは夜の真冬の月の出と真夏の一日の始まりである日の出という美しい二元性を祝う何らかの場として設計されていたのだ。

おそらく——あくまで推測の域をでないが——このように太陽と月のラインが合致しているという事実が示すのは、この二つの天体が一致する一八年ないし一九年ごとに特別な祝祭があったらしいということだ。というのも、このシステムは月がサイクルのなかのどの位置にあるかということを示すには十分だが、精度はさほど高いものではなく、柱は会衆すべてが祭の一部として月の出が見れるように柱が立てられているからである。

ストーンヘンジにおいては太陽と月と死の象徴的なつながりは見受けられるのだろうか。サークルは遺体をそのまま安置する小屋として生まれたのだろう。後期グルーブド・ウエア人がその周囲に火葬にした遺体を埋め、ヘンジを建てた。次にビーカー人が石のサークルを設置するようになった。これが後の人々に受け継がれ、今日にも残るような巨大な岩石になっていったのである。言い換えればストーンヘンジはもともと寺院だったわけだ。たしかにストーンヘンジの周辺にある墳墓は極限の月の出、日の出の方向か太陽と月が春と秋に昇る東に向けられている。

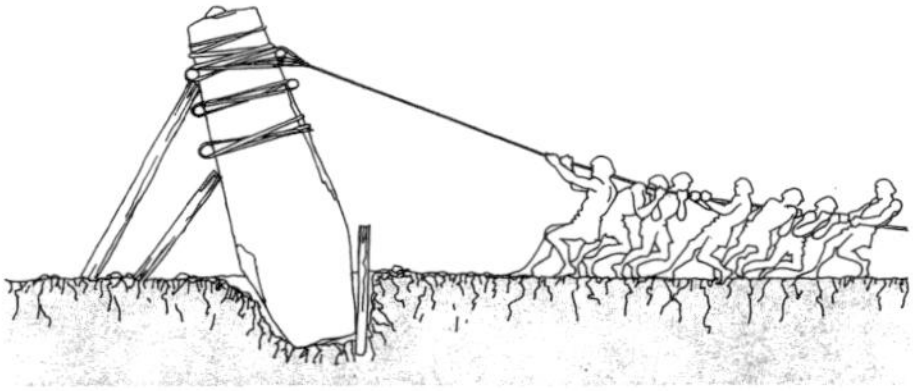

一方に滑らかな斜面をもった深い穴を掘る。このなかに大きなサーセン石を建てる。サーセン石のなかには45トンにも上るものがった。石はおそらく、ロープとコロを使って沈められ、そして次にゆっくり、足場をロープで操作するレバーのテコとして立てていったのだろう。最終段階ではロープだけが石を立てるのに用いられた。

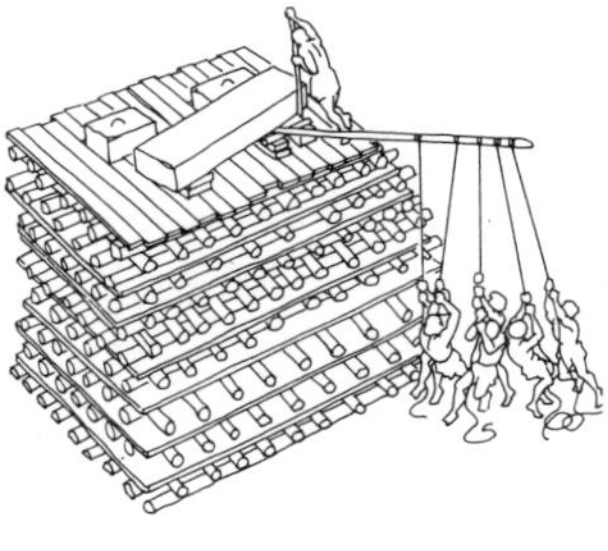

石柱が立てられると、木材のプラットホームを造り、その上に7トンものまぐさ石をおいた。石をレバー、くさび、台木で少しづつ上で動かして、プラットホームは下の方から積み上げて行く。最後に柱石の上にまぐさ石を滑らせて乗せる。まぐさ石にうがたれたほぞ穴にぴったりあわせて、しっかりと止める。

石がやって来るまではストーンヘンジは何らかの母なる女神に献じられた、月の観測台であったことはあるのだろうか。その可能性もないとはいえない。二本の雄牛の角、豊饒と月の古代の象徴がその中央から発掘されたからである。あるとき、材木でできた指標《マーカー》の迷宮の中央に魔術師か司祭が立って、「入念に天と地の領域を、永遠の月の門において結び合わせた。時が移るにつれてしだいに、必然的に、さまよう太陽と月と地下世界の見えぬ力は人の意志のもとに利用されることになっていった」(85)。

考古学はますますこれらの遺跡が月の観測と結び付いていた証拠を発見している。ニューグランジというアイルランドの巨石丘には通路と小部屋があるが、ある考古学者が最近ここに冬至との驚くべきつながりを発見した。太陽は冬至のまさにその日、なかの彫刻を照らすのである。この発見に勇気づけられて彼は満月がなにかかかわっているかどうか調査にのりだした。

「われわれは完全な暗闇のなかに座っていた。我々は、突然通路を通して神秘的な白く淡い光が現れ、そしてひとつの石室のひとつの石の上に明るい部分を作り出すのを見て驚いた。我々はその光が急速に衰え、眼前から消えてしまうまで驚きの念をもって見ていた。それはまるで幻影のようだった。……土塚の通路のなかで目撃した、きわだって奇妙で美しいものだった。この後わたしは天文学の領域で巨石建造者たちが何を成し遂げていようと、彼らが建造した構造には、儀式としての観測という要素が重要な機能であったことを疑ったことはない(86)」

ブレナンは月光がこのように差し込むことは偶然ではあり得ないことを算出し、しかも一八・六年の暦が現れることを見いだした。おそらくは塚のなかの、螺旋や同心円、菱形といった彫刻もまた月

古代の石の遺跡の下からは、しばしば遺骨が発見される。石の配置は、おそらく月に向けて人身供犠が行われたことを示す。

を祝するものだったのだろう。また、長い通路が冬至に合わせられているということは、それが冬至のあとの新しい生命を表す、一種の産道だったことを示すのだろうか。

通路となった墓、エイブベリーとストーンヘンジ、そして墓壁の通路の模様の驚くほど正確な球面幾何学は、少なくとも、これらが我々の先祖がかくも心にかけていた星々や惑星の配列によって着想されたことを示している。すべてのストーン・サークル、立石、そして石列が、上方から見るときにもっとも周囲のものから際立って見えるということは奇妙だ。それはちょうど、空から見たときに一つの像となる、ペルーのナスカのインディアンたちが描いた砂漠の驚異的な地上絵とも共通する。多分、人は大地を宇宙の広大さの一部として見ていたのであり、このようなモニュメントを太陽や月や星への敬意の表明として捧げていたのだろう。事実、多くのメガリスには「カップマーク」と称される岩に円形のくぼみがつけられている。これらはしばしば埋葬とかかわりがあるとされているが、おそらく月の象徴であったのだろう。数多い実例のなかからひとつをあげれば、ファーマナ［北アイルランドの州］のキティアーニィのものでは、カップマークのついた横向けの岩は真冬の月の出に向けて配列されている。

月の女神とのかかわりを示すものは、石に結び付けられた言葉である。立石の配置の多くは、その名前に「九人の乙女《ナイン・メイデン》」などり数字の「九」を含むものが多い。これは、実際に石の数とあっていない場合もある。こういうところでは月の女神として具現された、大母神が信仰されていたのかもしれない。女神は、のちに三人の女神として表されるようになる新月、満月、欠け行く月の三つの属性をもっている。これらは、次に、それぞれが三つの位相をもつとされるようになり、こうして九人の女神、ないし乙女となってゆくのであった[87]。

イギリスの丘陵地帯に彫り付けられた古代の像もまた女神とのつながりをもっている。ケンブリッジ近くのゴグマゴグの丘にはゴグとマゴグの像が彫り付けられているが、これはおのおの太陽と、大地か月の女神を表していると言われている。レイ・ラインの愛好者は、このような像はさまざまな先史時代の土塚や土塁をつなぐライン上にあると主張している。

では、石自体はどうなのだろう。もしあなたがこれらの地を訪れたなら、石自体に何かエネルギーが蓄えられているかのように、手を伸ばして触れて見たいという衝動に駆られることだろう。地方の伝説は、まるで石自体が生命をもっているかのように、古代の石が動くといった話を膨らませてきた。ただ、この類いの話によれば、そのためには何かの触媒が必要だと言う。そしてしばしば、その触媒とは月なのだ。エイヴォンのウィリントンにある、ウォーターストーンは、夏至の日の満月のときにだけ、踊るのだと言われている。

また、時代を経る中で石と月を含む儀式が生まれてきた。オークニイのオーディンの石（残念なことに一八一四年に壊れてしまった）は魔力を与えるということで崇拝されてきた。祝福を受けたいと望むものは九ヵ月続けて満月の夜にそこを訪れ、石の回りをはだしで九回這って回り、石の穴をのぞき込みながら願い事を唱えればいいのだという。

ダウザーたち［振り子などで見えないエネルギーを観測するといわれた技術者／占い師］は、古代の遺跡の石は、おそらく地下水脈を介して月に影響されているという。

ダウザーたちは、石群は、月の相によって変動する「エネルギーをチャネルしており、そのエネルギーは螺旋状に石をつつみ守っている」という(88)。このことは、ケルトの暦が、月の第一日は新月から六日目に始まり、新年は春分の直後の新月から六日目に始まるという、月に基づくものであることと関係があるのだろうか。あるダウザーはケルト暦に正確に一致する月のサイクルにそって、正と負に荷電されたり、極を変えたりするとすら主張している。

第2章　月の星座

だれしも人は月、だれにも見せぬ暗い面を隠し持っているもの。(89)

「わたしは物体間に働く力のすべてを知っているわけではないが、しかしもし人間が惑星、太陽、月によって影響されていないというなら、この地球上で人間だけが星の影響を受けない唯一のものになるということは分かる」(90)。

我々は、月の女神を降臨させようとしてストーン・サークルを造ることはもはやないが、しかし今もその影響力を思い、月に我々の神秘を捜し求めている。占星術とタロットの静かな技芸には、そんな人間と月のつながりの一つ二つが隠されている。

占星術

今日の占星術では、太陽が月にかわって主要な位置を占めるようになっている。我々は、新聞に掲載される星占いの十二の太陽星座宮《サン・サイン》についてはよく知っているが、月の星座を知っている人は一体どのくらいいるだろう。あなたの天宮図のなかでの月の位置は、しかし非常に重要なのだ。太陽は一年のうちにわずか十二回しか星座を変えないが、月はほど二日半ごとに星座を変えてゆく。この月は、今のようにずっと無視されてきたわけではない。

「満ち行く三日月の、神聖なる光の与え手である月はおうし座一三度と千分の一の部位を運行していた。それは金星の宮であり、高揚の部位であり、水星の旬であり、女性の固体宮である。金のようであり、牡牛の背に乗っていた」（紀元八一年、ギリシャの現存するもっとも初期のホロスコープのひとつより）。

古代バビロニア人たちは洗練された天文学の知識をもっており、月を夜の女王として崇めていた。地球は彼女の子供であり、その影響下におかれていると信じていた。古代のローマでは月の星座《ムーン・サイン》は太陽の星座より重要だとされていて、人々の星座は月の星座によって示されていた。

コペルニクスが修正をほどこすまでは、地球は一般的にいって宇宙の中心にあると信じられてきた（二四七頁図参照）地球の回りを、土星に始まって月に至るまでのさまざまな天球が取り囲んでいる。そして月は星の力を地球に引き下ろすとされていた。天球のひとつひとつは特定の「知性霊《インテリジェンス》」によって統治されているとされていた。月の天球の知性霊は天使ガブリエルである。(91) ガブリエルは、しばしば月に支配される星座であるかに座の象徴であるザリガニを伴って表される。

月が女性の子宮や性器とつながりをもっていることを示す中世の図版は多い。中世の占星術家は、太陽ではなく月を使って恒星を縫って伸びる通り道を観測していた。月は黄道を一年に一周ではなく、

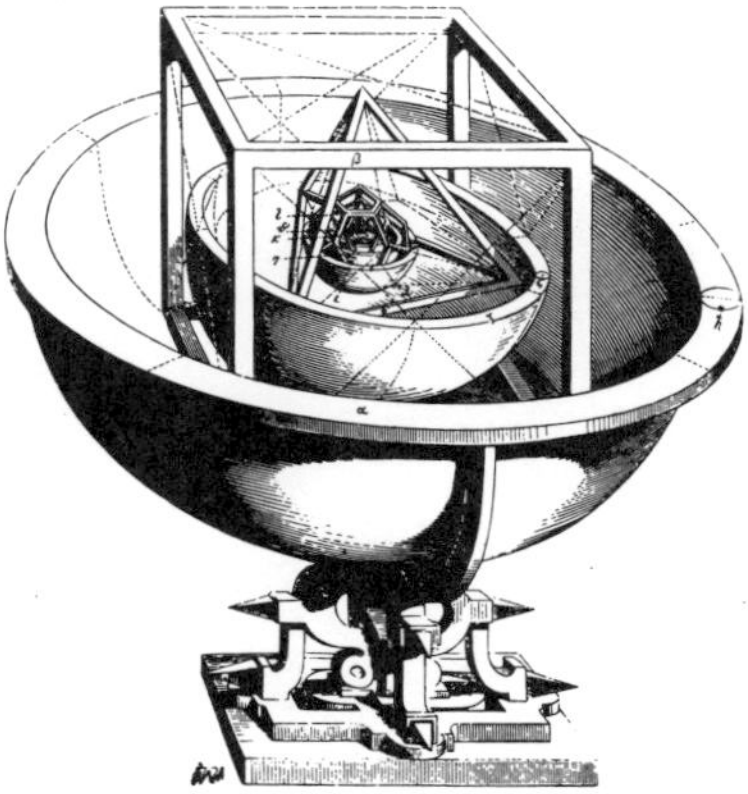

毎月一巡りするからだ。彼らは天を月の一ヵ月《ルナー・マンス》の概略の日数である二八に分割し、これを月の黄道《ルナー・ゾディアック》と呼んでいた。その一つ一つの日のなかにある主要な恒星を月の「駅《ステイション》」と呼んでいる。

一六、一七世紀には大衆の占星暦が月の相にあわせて生活を律してゆく術を教えていた。最もよい月の相を選んですべき行為が多くあったのだ。このような暦は、月の相によって引っ越し、結婚、旅行、清め、放血、ひいては爪を切る日まで細かく告げているだろう。このような指定は新聞の星占い程度の信頼性しかなかっただろうが、しかし、また星占いと同じように人気があったのは間違いない！　このような昔の占星術家は月に何を見ていたのだろう。彼らは月を人間の理解力の象徴だと考え、その相はゆっくりとした人間の知覚力の増大を表しているのだと考えていた。月は、あたかも静かな池が木々や空を穏やかに映すように、太陽の貌を映す。したがって、太陽を直接眺めることは危険なので人は太陽の活動を観察するために月を見上げることもできる。

もし、月が人間に影響するという観念が、近代化が進んで合理的な時代になるにつれて弱くなったとしても、それが完全になくなってしまったことはないだろう。神智学の祖、ブラヴァツキー夫人は、これを一九世紀にでも生き生きと保ち続けている。「もし、時代を通じた人間の経験によってよく知られているように、月のある位相が大きな影響を及ぼすとするなら、星の影響力の組み合わせが、多かれ少なかれ、力を奪うとする論理に、何という暴力を我々はふるっていることか」[92]。

彼女はトラバンコール［インド南西部］のヒンドゥー教徒の言葉を、このように引用する。「穏やかなことばは、乱雑なことばより優れている、海は熱い太陽にではなく、涼しい月に引き寄せられる」。

月がかに座にあるときに生まれたら
彼女がその力を発揮できる名を選べ。
彼女をグリーンと呼びなさい、そうすれば冬も彼女を色褪せさせない
彼女をグリーンと呼びなさい、彼女をとりまくすべてのもののために。
小さな緑よ、ジプシーの踊り子のようになれ[93]。

245　月の星座

あなた自身のホロスコープのなかで月が意味することとなると、本を何冊もまるまる当てねばならないほど複雑な主題だ。月は概略二日半で星座宮を移動してゆく。自分の月の宮は占星術用の天文暦を見れば分かる。しかし、その後、それがあなたにとってどんなことを表しているのかを真に知ろうとすれば、月がホロスコープの残る他の部分とどんな関係にあるかを判断できる占星術家に相談することをお勧めする。あるいは、このテーマに関して優れた書物が何冊もあるので、そういうものを読んでもいいだろう。ここでは、占星術のなかで月が一般的に意味するものを検討するに止めよう。このとらえどころのない月の女神は、自然に心のなかの女性的な部分、あるいは「陰」の面を表すようになった。月はかにで象徴されるかに座を支配し、いまだ顕現されていない世界、つまり無意識や霊、さらにその反面、受精や出産といった母性的な面も象徴する。月の水銀のような、あるいは銀のような光は、オカルトや魔術といった我々のうちの夜の、そしてまた地下世界に属するものを引き出して行く。あるいはまた月は、太陽の光、男性原理をあらがいがたい力で彼女のほうにひきよせてゆく。月は男性の意識をその内的な霊性と結び付けるアニマである。また天宮図のなかの月は、本人の子供時代、人生の初期の世界、育った家庭や母親とのつながりを象徴しているという。また月は人間の行動のもっとも基本的で本能的な部分を示し、それが親密で情緒的な人間関係や、本能が全面に押し出されてくる場でどのように反映されるかを表す。

というわけで月は占星術では二つの元型を表していることになる。ひとつは、我々の環境、とりわけ子供時代に反映してきた結果、もっとも心地よくなった生き方という外的なもの。そしてもうひと

前コペルニクス宇宙においては地球はすべてのものの中心だと考えられていた。

つは源泉、生命の起源、これはもしそう呼びたいのであれば太母《グレート・マザー》といってもよいが、そうしたものとの神秘なつながりである。おそらく、これが占星術で月の記号が三日月になった理由だろう。二つの角は物質と霊、意識と無意識を結び、そうやっていかに二元性を解消するかを示すのである。月は体液、とりわけその月のごとく白く真珠のような性質をもつ精液を支配するとされた。また月は成長や自然の隠れたプロセス、地球の隠れた部分で起こっているものなどを支配している。

古代の占星術によれば、天宮図のなかの月は前世でのチャートの、太陽の位置に一致するという！もし今世の月がおとめ座にあるとすれば、あなたは前世ではおとめ座生まれだったことになる。興味深い推論だ。月は幼年期や遺伝とも、過去世ともつながっているとも見られる。それはあなたのもっとも深い欲求のある場所、そしてあなたを育んできたもの、そしてあなたに今でも安らぎを与えるもの、そしてあなたが断ち切るべき臍の緒を示すのだ。

占星術の主張にたいして、広範な科学的研究を行ったことで知られているミシェル・ゴークランは、以下のようなことも発見している。両親のうち一方、ないし両方が、なにかの惑星が上昇点あるいは天頂部分をわずかに過ぎたときに生まれている場合には、その子供も同じ惑星の元で生まれる確率が顕著であるという。これはとくに月、金星・火星の場合にあてはまる。またそれに付随して彼は、この法則は自然分娩の場合にのみあてはまり、誘発されたものには適応しないことも見いだした。

次にあげるのは月のさまざまな相と、毎日の行動へのその影響である。

新月……始まり、隠れた変化、混沌、秩序の崩壊、混乱、休息
満月……完成、成就、活動、不安、気づき

この二つは次のように細分化される

ファースト・クォーター……始まり、外交、発芽、誕生
セカンド・クォーター……すでに始まった事項の発展
サード・クォーター……完成と成熟、充足
フォース・クォーター……休息と内向、新しい出発の前の分解

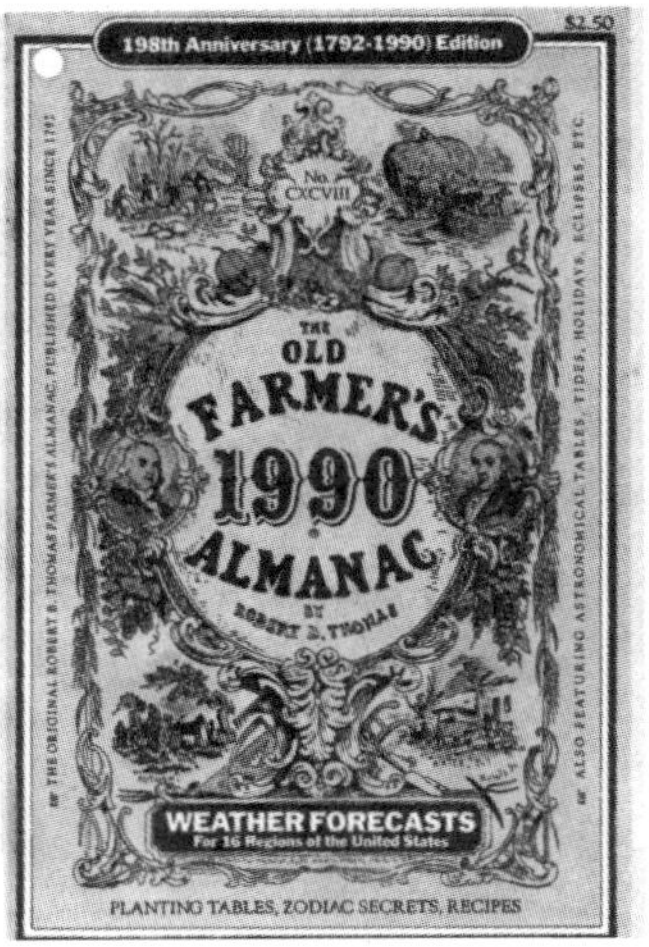

OCTOBER hath 31 days. 1990

D.M.	D.W.	Dates, Feasts, Fasts, Aspects, Tide Heights	Weather
1	M.	St. Remigius	*Temperature*
2	Tu.		*plummets,*
3	W.		*snow*
4	Th.	Succoth • St. Francis of Assisi	*on*
5	Fr.		*the*
6	Sa.	St. Faith	*summits.*
7	G	18th S. af. P.	*Turning*
8	M.	Columbus Day	*leaves*
9	Tu.		*and*
10	W.		*turning*
11	Th.		*cold:*
12	Fr.		*maples*
13	Sa.		*red*
14	G	19th S. af. P.	*and*
15	M.		*birches*
16	Tu.		*gold.*
17	W.	St. Etheldred	*Holy*
18	Th.	St. Luke • New ●	*burn*
19	Fr.		*those*
20	Sa.		*autumn*
21	G	20th S. af. P.	*torches.*
22	M.		*Showers*
23	Tu.		*chase*
24	W.		*us*
25	Th.	St. Crispin	*off*
26	Fr.		*our*
27	Sa.		*porches.*
28	G	21st S. af. P. • Sts. Simon and Jude	*Pumpkin's*
29	M.		*frozen*
30	Tu.		*smile*
31	W.	All Hallows Eve	*beguiles.*

Farmer's Calendar

The newspapers, the radio, and the television announcers all proclaim it: the Peak of Autumn Color has arrived in the northern part of the state. *Peak Color.* Consider the thousands of visitors — perhaps more to the point, consider the millions of dollars — that are poised on that peak, waiting to come north where the leaves are red and yellow. Peak Color is no child's play; it's big business. So much is clear. Less clear is its real meaning. Define Peak. Peak Color is when the leaves are . . . what, exactly?

The positive, factual announcement of the timing and location of the Peak of Autumn Color, often made as part of the weather forecast, gives a kind of quantitative, scientific character to the idea of Peak Color. You imagine a scientist in a lab coat viewing an autumn hillside through a complex piece of equipment, making arcane calculations, and nodding curtly to his assistant: "That's it, Spencer. Peak." But in fact, Peak Color isn't the Speed of Light or the Acceleration of Gravity. It's when the leaves are . . . well . . . best, nicest, *most beautiful.* Undoubtedly, the Peak could, in principle, be reduced to a number — perhaps the ratio of leaves that have turned and remain on the tree to leaves that either have not turned or have turned and fallen. Who's going to count? Peak Color can only be an empty mathematical fiction. Let it be what it is, a pleasant impressionistic fact.

Peak Color is like the average taxpayer or the height of the rush hour — a phenomenon more discussed than examined. But if you can't count the peaking leaves, you can count the leaf-loving peekers, and you can count the money they leave behind — to the last quarter and dime. *There* is science, and the peak itself is quickly forgotten.

OLD FARMER'S ALMANAC

占星図での月の位置を算出するためには、天文暦（日々の惑星の動きを記載した書物）か占星術用のプログラムを入れたコンピュータを用いる必要がある。天文暦は、たとえば一四度（星座）一五分（グリニッジ時間）正午、ないし午前0時（これは本によって異なる）といったデータを示すだろう。アメリカでの月の位置を計算するためにはグリニッジ標準時から時差によって差を加減しなければならない。月は最も動きの早い惑星［占星術では太陽も月も惑星とみなす］なのでできるだけ正確に計算することが重要だ。［月はおよそ二時間に一度動く。］

個人の天宮図のなかの月は本人の心理の女性的な側面を示す。つまり、感じ方、子供時代、母親、無意識など。以下は、月が一二の星座でどのようなことを示すのかを示している。

☆月がおひつじ座にある人は自己への愛をもつとともに非常に行動的でアグレッシヴである。彼らは大胆で、よきリーダーとなり、冒険精神を持っている。一般的に言って、人生のなかでこうした人々が挑戦すべきは望むものを手に入れる勇気をもつことである。性格のマイナス面は自分への関心がや

や強すぎることと他者と協同したり、協力したりしたがらないということだろうか。相互依存、そして同じ次元で他者と関係を結ぶ方法が、その性格の否定的な面から救い出してくれる。

☆月がおうし座にある人は非常に頑固になる傾向があるが、しかしとても官能的で人生の繊細で美しいものを愛する。食べ物、富、美などを通じて物質面で彼らは自分を育んでゆくのだ。彼らは忠実で、協力的、勤勉である。自己保存、と自分の感情を評価することを学ぶことは、いつも月をおうし座にもつ人々が気にかけていることであり、だからこそ成長するために努力すべき事項である。

☆月がふたご座にある人は何にでも興味を持つ。彼らは移り気で、直感的、想像力が豊かで、すぐれた道化となる。こうした人々は人生に知的にかかわろうとする傾向がある。彼らが学ぶべきことは自分の感情についてもう少し自発的、陽気にかかわることであり思考と感情の間のバランスをとってもっと心からコミニュケートすることだ。

☆かに座に月のある人はむら気で感情的に不安定になりやすく、自分の拠点をでたがらない。学ぶべきことは感情を安定させ、愛に信頼をおくことだ。彼らのよい面は愛すべき性格、人々への気遣いであり、また彼らは治療の分野で特別の技能を持っていることがある。

☆しし座に月がある人は才能があり、想像的でダイナミックな動きの感情を抱き、そして遊戯やスポーツを楽しむ。彼らは自分の役割を演じきれることができ、他者からの称賛を求める。かれらはまた、管理されたものも好む。彼らは自分の美を愛しており、他者からの愛をいつも求めているというわけではない。

☆月がおとめ座にあるとき生まれた人は、素朴な無垢さがあり、一人でいることを好む。彼らは几帳面なオーガナイザーであり、義務や殉教の精神から行動する。彼らが学ばねばならないことは感情に対する否定的な態度を克服することであり、自分はただあるがままでも完璧なのだということを理解することだ。

☆月がてんびん座にある人は、芸術的であり音楽を愛し、魅力的で他者とかかわるのを好むということがわかるだろう。彼らは非常に外交的で、しばしばほかの人に依存している。彼らが学ばねばならないのは自分の感情とおだやかな関係を結ぶことだ。

☆さそり座の月は、その影響力のもと、非常にサイキックで直感的な能力、他者の気持ちを深い部分で理解する能力を与える。あまり自覚的でない人々の場合にはこの力は他者を操作するために用いられてしまうかもしれない。これらの人々は古典的な「プリマドンナ」であり、感情にたいしてもう少し単純な態度をとれば避けられるはずの濃密な感情のドラマにとらわれてしまう。
☆月がいて座にある人は楽観的で冒険と旅を愛する熱烈なリーダーである、彼らはうまく人々を勇気づけ、励ますことのできる、直感力の優れた教師でもある。彼らは人生を知識の獲得のためのものとして生きる傾向があるので、学ぶべきこととしては自分の感情から直接人生を体験することである。

♑ Capricornus

♒ Aquarius

♓ Pisces

☆月をやぎ座に持つ人は、一般的に言って両親が重要な役割を果たしていた伝統的な、あるいは窮屈な幼年時代を過ごしている。そのために彼らは深刻な子供であり、人から切り離された、孤独な感情を持っていた。大人になってからは強い責任感と義務感を発達させ、物事が統制されていることを好むよきオーガナイザーとなる。このような人々は、年を取るにつれて明るく、楽しい人になる傾向がある。彼らが学ぶべきことは、自分の両肩に世界が乗っていると思うような緊張状態を捨てて、リラックスしたクリアな気持ちで周囲に反応してゆくことだ
☆月がみずがめ座にある人は、ふつう非常にエキセントリックで、革命的な個人に見える。彼らはコンピュータや占星術の才があり、これらが人生で重要な役割を占める。彼らはなにかを命じられるこ

とを嫌う。理想主義のために冷淡で非感情的なかんじがするので、彼らが学ぶべきことは、他者を非難することなく独自の方法で感情を表して行くことである。月をこの位置にもつ人は非常にすぐれた霊媒にもなる。

☆月が占星術の輪の最後の位置つまりうお座にある人は、愛にあふれ、同情心にあつい。しかしそれはときとして行き過ぎて犠牲になってしまうこともある。彼らは少しばかりトリッキーで嘘をつくこともある。というのも彼らの感受性は非常にするどく、この不透明な世の中では落ちつかせることは難しく、絶頂感が発作的にやってくる。彼らが学ぶべきは直感を信じ、人生を信頼することである。

タロット

タロットも我々の生命の神秘な流れをくみ出す古い方法だ。このカードは人生の旅を表しており、ここに月が一度ならず二度も登場することも不思議なことではない。ただその一方はもう一方に比べると本当に月らしく、あまりはっきりとは現れていないのだが。

一方で月の女神は「女司祭」という形で現れ一方で、また月は単純に「月」と呼ばれる大アルカナのカードのなかで登場する。月は水と我々の内なる心霊的な潮流に影響をもたらすために、このカードは無意識の心を表すのだと解釈されている。ある意味で、これら二枚のカードは反対のものだ。直感的な英知を表す月の女神は女性原理のよい面であり、その一方、月のカードは夢想や妄想、その否定的な面を表すとされる。この二枚はともに、詩的に、そして非常に心に響くかたちで月の多くの側面を表す。
タロット・カードには多くの種類がある。ここではその微細さを非常に美しく描く、伝統的なライダー・ハガード版の図像を検討することにしよう。［訳注・ここで著者はライダー・ハガード版（Ryder-Haggard deck）と言っているがこれは明らかに誤りである。用いられているカードはライダー版とかウェイト版と呼ばれるもので、これは今世紀にオカルト学者A・E・ウエイトの指導のもとに作画されたもの。英国のライダー社 Rider から出版されていたのでこの名で呼ばれている。おそらく著者は出版社のライダーと作家のライダー・ハガードとをとりちがえたのではあるまいか。］
女司祭長は賢女として表現されている。その衣は水のように地面に流れ、三日月の上に広がっている。彼女は善悪を表す二本の柱の間に座っており、背後のタペストリーにはさやからあふれんばかりに出ている果実が描かれている。手には神秘的な教えの巻物を持ち、頭には三日月のような二本の角

タロットの月は無意識の神秘について何かを語りかけている。

と満月のような円盤でできた冠をかぶっている。

このカードは大アルカナの二番にあたり、すなわちバランスと二元論を表している。それは、ここから万物が創造されてゆく二つの極を表すとともに、また人間が世界から切り離され、その存在ともはや一体ではありえなくなったという事実をも示しているのだ。それは太陽の直接的な光ではなく、月の反射された光を表している。

女司祭長は時代を通じて現れて来たさまざまな月の女神の精髄でもある。冠を被ったその姿はイシスのものに似ている。彼女の肯定的な面はアニマ、すなわち男性のなかにある女性的な要素であり、ディアーナ、グノーシス主義の英知の女神、光の貴婦人であるソフィアである。彼女の暗い側面は女性原理が虐待されたり、無視されたときに現れて来る。このとき、彼女は暗黒の月の女王であるヘカテ、デーモンたちの主人であるリリスの形をとるのだ。

ここには生命の神秘そのものがある——我々が月を眺めるときに感じ取る、あの神秘が。彼女は否定的な力、肯定的な力双方を表す円柱の間に座し、この二つを吸収し、統合する。そして、このようにして生命を生み出すのだ。旅に出て、その秘密を学ぶのが、タロットの第一番のカードとして現れた「愚者」の使命である。魂への入り口に座している彼女は、また意識と無意識のつながりをも表している。

占いのときにこのカードが出たら、隠されていたものが明るみにでて、洞察、力、そして問題を解決するための能力が出現することを示す。またこのカードは賢く、直感的な女性の存在、あるいはあ

天使ガブリエルが月の象徴であるザリガニの下に見える。ガブリエルは惑星の上に住まう「知性霊」だとされていた。

なたの内なる賢い女性を表すこともある。

月がミステリアスにその姿を変え、自らを再生してゆくように、ここには創造力もまた示されている。もしカードが逆位置に出たら（上下逆にでたら）正しい判断を脅かすような、感情の不安定さを指摘しなければならないしるしだ。

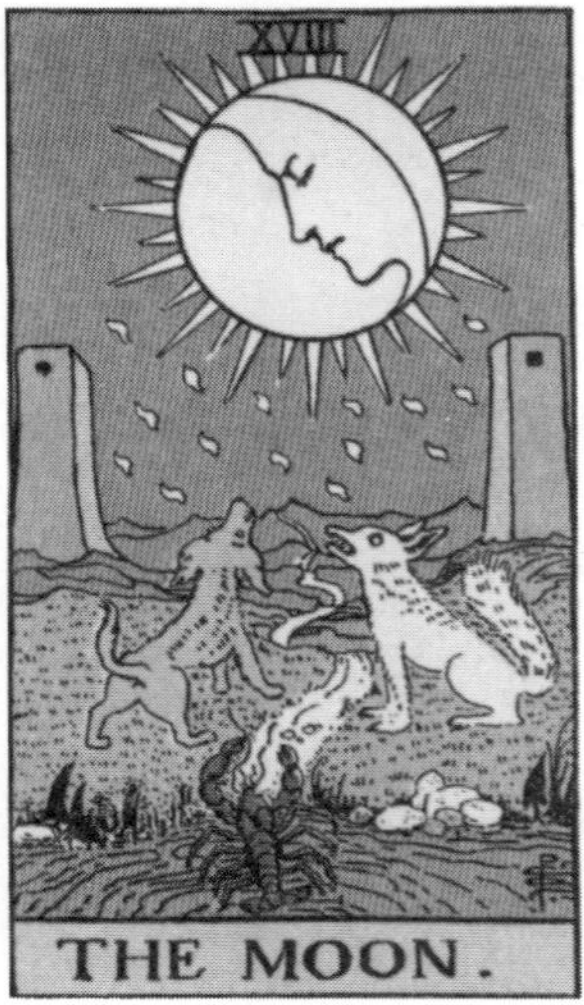

月のカードは探求のもう一つの終局を示している。

底無しの沼からザリガニが、長くうねる小道にはい出してきている。両脇からはどう猛な狼と犬が満月に向かって吠え立て、まるで月から水を引き出しているように見える。未知の土地への道のように見える二本の柱が、その両側に建っている。

月が死者たちの住処であるという古代の信仰が、ここに示されている。しかし、もちろん月はまた豊饒と新しい生命もつかさどっている。つまり、二本の柱は死と新たな生なのである。このカードは論理的な思考を放棄すべき段階に来たことを示す。つまり、曲がりくねった道を進み、内なる自己の非合理的な光が必要なことを指しているのだ。

このカードは重要なターニング・ポイントである。危険が潜んでおり、深みからはい出して来たザリガニは月の元で生命を脅かしている。暗黒の月の女神ヘカテの象徴である犬も脅威となるだろう。しかし道をそれることがなければ、求める者は光にたどり着くことができるだろう。

占いでこのカードが引かれたときには、なんらかの信念の危機がやってくることを示しているが、しかし直感に従えば進展が得られることも表す。逆位置の場合には合理を超えていこうとする大胆な試みが失敗しそうなこと、よりそのほうに努力せねばならないことを示す。

このように月はけっして単純に喜ばしいカードではないが、しかし、非常に豊かなものである。それは最終的な、乗り越えるべき試練を示している。すべてが変転し幻想に見えるような魂の暗夜である。しかし、信仰と直感、そして月の冷ややかな光が求道者を導いてゆくだろう。

第3章　月光が支配する生命

地球に及ぼす月の影響はとても強力で、その力は日に二度、大海原に潮汐を引き起こしている。月の力がこのような離れ業をやってのけていることを思えば、地上のほかの生命に影響を及ぼしているということもあり得るのではないだろうか。だから、植物、天候、動物、そして人間の肉体、これらすべてが月の影響にさらされていると、ずっと考えられて来たのだった。四世紀に立ち返ってみればアリストテレスは牡蠣やウニは満月の夜に産卵すると考えていたが、二〇世紀になって科学的な調査がアリストテレスが正しかったことを証明した。また、こんな女たちの古い言い伝えも、そのなかに一抹の真実があったことが証明されつつある。

月の力が地上の水に一日二回の潮汐を引き起こしていることはだれもが知っている。しかしこの強力な力がほかのものに影響を及ぼしていることはあるのだろうか。海洋生物に対するその影響は古代から知られており、今日科学的に証明されつつある。

もし花を豊かな大地にしっかりと根づかせたいと望むなら、
月を種蒔きに向けてしっかり数えなさい
大地の上静かな真夜中の緑は
大地を覆う、銀の光りに従い望む
永久の時と季節の円運動が導いてくれることを。

穀物、花、樹木を月の相にしたがって植えるという考えは今日では奇妙に思える。月がどのように植物の生育に影響を与えるというのか。しかし月が植物の育成に重要な役割を果たすという信念は長い間続いて来たもので、現代の研究もこれを支持するようになってきている。一般的に言って、植物を植えるのは、月が満ちて行く、満月の前の二日ほど前が最良であるとされる。これはこれで理にかなっているように見える。しかし月の栽培学は、これよりももう少し複雑なものだ。

「薬草を摘むのは月がおとめ座にあるときにすべきだ。しかし、木星が上昇点にあるときはいけない。このときは植物はその効能を失うからだ」。（パラケルスス、一六世紀）

アンソニー・アスカムなる人物は、月に直接影響されて生育するルナリーという植物を発見したと信じていた。「この草の葉は丸く青く、その中央には月の模様がある。……これは新月のときには一五日目まで育ち、一五日後には月が欠けるのにつれて毎日葉を落としてゆく」。(94)

この植物は、おそらく月に打たれた想像力のなかだけで育つものであろうが、しかし月が植物に及ぼす影響は真剣に捕らえられていた。イースト・アングリアのある農夫は、一五六二年にこのように書いている。

えんどう豆は月が欠けるときに摘みとる
これより早く種を撒くものは、種を早すぎるときに摘みとる
大地とともに植物が休み、大地とともに伸びるよう
そして豊かに実るべく。

同じころのジョン・ウーリッジなる人物はこのように付け加えている。「花を二倍に得たいと望む種は、満月の夜か、あるいはその二、三日後に撒かねばならない。月が植物に影響を及ぼすのは長らく観察されてきたことだ。……そして、月がこのような影響力を及ぼすのなら、確実に花を倍にする効果があるはずだ」。

さらに著名な植物学者ニコラス・カルペッパーも名高い『植物学』のなかで星が人間や患う病、そしてそれを癒す植物に影響を及ぼすことを書いている。「どの惑星が病を引き起こすのかを考えたまえ。どの惑星が病んでいる肉体の部分を支配しているのかを考えたまえ。その惑星の薬草によって病に対抗することができる。……どの植物も自分に配当された病を癒すことができる。たとえば、太陽

と月のハーブは目を癒すのだ」。

多くの植物学者のように、植物の生命力は月が満ちて行くときに上方に流れて行くと信じること、つまり月が満ちるときは茎、葉、花を収穫するときであり、月が欠けるときは根を収穫するときであると信じるのは理にかなっているように見える。農夫たちは穀類は月が満ちるときに植え、また害虫や雑草を駆除するのは月が欠けるときに行うべきだと考えていた。また、ある作物については特定の指示もあった。ジャガイモは月の暗い夜、それもできれば聖金曜日に植えるのがよいとされた。根菜は上弦の月と満月の間に植えるのが最良である。エンドウマメは月の光のもとで蒔くのがよい。葉の野菜は月が欠け始める、月の一ヵ月の変わり目に植えること。さらにペンシルヴェニアのアマン派は柵の杭さえ、月の相にしたがって立てるのだ。

また家畜が月が第一、第二週の相［月が満ちる間］にだけ草を食むようにすれば、牧草地は非常によいものになると信じられた。動物たちは満月のあと、第三、四週の月の間は別のところに移されねばならない。一六〇〇年頃の「エデンの園」という本には花の耕作は月の相にしたがって行うように強く勧めている。それによればアラセイトウやチューリップのような単花植物（single flower）は満月の三日後に植え代えれば、二倍の花ができるという。一七世紀の本『造園の達人』によればスミレ、ローズマリー、ラベンダーは月が若いときに、しかしニオイアラセイトウは月が老いたときに種を蒔くべきだという。以下にあげるのは、植物と月に関する、女たちの古くからの言い伝えである。

イギリスの植物学者カルペッパーによれば、ヒメハナワラビには馬がつけている蹄鉄を引きぬく力がある。［訳注：カルペッパーによれば、ほかに鍵を開ける力などもあるという。カルペッパーはデヴォンシャーで実際に蹄鉄をこのハーブが外すところを目撃している。］

急いで種を蒔くな
月に相談せよ。

クリスマスが満月なら翌年の収穫は芳しくないことを意味する。オカルトの伝統に従えば、植物は月が湿潤な、豊饒宮、すなわちかに座、うお座、おうし座、やぎ座にあるときに植えなければならない。

木の根を強くしたいなら、月が欠けてゆくとき、理想的には下弦の月から新月までの間に植えるのがよい。

ラベンダーのような香を楽しむ植物は、その香りをもっとも引き出すには月が第一象限にあるとき、それもできれば月がてんびん座にあるときに植えるのがよい。

もし花をたくさん得るのが目的なのであれば月がかに座、さそり座、うお座にあるときに植えるのがよい。

また材木として用いる花、草、樹木は月が欠けてゆくときに集めるのがよい。月が欠ける間には、弱くなって曲げやすくなるからだ。

もしたくさんの果実を得たいのなら、月が満ちるときに枝を刈るのがよい。

また材木にするために樹木を切るのには月が欠けるときがよいと広く信じられている。このときには樹液が降りて減少しており、樹木がより乾燥して切りやすくなるという。つまり、樹木も潮汐力の影響下にあるということだ。大工のなかには月が満ちて行くときには材木を切るのを嫌がるものもいる。過剰な湿り気のために板がそってしまうというのだ。このように、それぞれの木についての特定のルールも長年のうちに成立していった。

◀種を蒔くとき、刈り入れるとき、農耕のあらゆる段階には、よい収穫を得るための月の動きに基づくタイミングがあるとされてきた。

▼中世の本草学者は、花は満月の前後に植えれば倍の花を咲かせると信じていた。

オークやくり材のような堅い木は満月の後の、正午前に切らねばならない。松やカエデのような白木の場合には新月と満月の間の、月がおとめ座にある時にもう一度切るべきである。

木や灌木があまり大きくならないようにしたいなら、月がかに座にあるときの、暗い月の夜に植えたり、枝を刈ったりすべきである。木を早く成長させたいなら、月が上弦の間に枝を刈らねばならない。

材木は月光のもとでは切ってはならない。

アーカンサスのある農夫は月の相を考慮にいれつつ接ぎ木をする実験をしている。実験から彼は新月から満月の間、第一、第二象限の月のときが最良のときだと結論した。さらに彼は、月が「もっとも実り豊かで、動きやすく、水象の、女性宮である」かに座にあるときに、接ぎ木をするのがよいと勧めている。[95]

また特定の花は月と特別のつながりがあるといわれてきた。ケシの花はとくに月と関係があるとされてきたが、これはその死との連想のためだろう。バラはディアーナと関連づけられている。もともとそれはギリシャの女王だったのだが、あまりに美しかったのでディアーナの嫉妬をかったのだった。ディアーナの兄弟である太陽神は、彼女が花になってしまうまで照り焦がした。ディアーナの神殿にまで彼女を追って来た三人の恋人も罰され、蝶、うじ虫、雄蜂に変えられてしまった。[96]

白い花を新月になった夜に月の女神に捧げれば、続く一ヵ月は幸運なものになる。白い花も月の影響下にあると信じられているのだ。

花やほかの植物は、月の位置にしたがって種子を蒔かれるが、採集する時も同様である。それは、植物の生命がいちばん高まるとされる時になされる。

この花々には月の精霊たちが住んでいると考えられていた。精霊たちは満月の夜、それもとくに七、八、九月に現れるとされた。ジャスミンもまた月の花、夜の神秘の花だとされている。そのオイルは愛を引き寄せるのに用いられたし、ジャスミンの香りは眠りを誘い、瞑想を助ける。植物に対する、このような古い助言をすべて昔の女たちの言い草だといって切り捨てるべきではないだろう。動物たちは明らかに月の相に影響されているのだ。海の魚たちの移動や蟹、ムラサキガイ、カキ、ウニなどさまざまな海洋生物の産卵などは月の周期にしたがっている。

さらに大型の動物たちの場合にでも、月が満ちて行く期間には配偶者を見つける衝動が強くなることが観察されている。過去においては多くの農夫たちは家畜を月の周期にそって管理してきた。豚は月が満ちて行くときに屠殺された。こうすれば、月が欠けてゆくときよりもベーコンがより濃く、

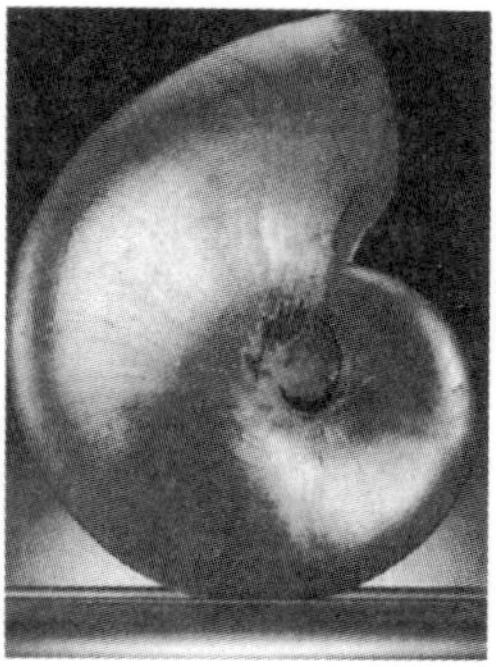

油っぽくなると考えられたからだ。羊の毛も、同じときに刈られた。羊毛が多く、濃くなっていたからだった。農夫たちは月が欠けてゆくときに生まれた動物は病気がちになると信じたし、またこの期間には、病気を防ぐために家畜を去勢しようとはしなかった。

　卵はかに座、さそり座、うお座での月の光のもとで孵化するよう工夫された。新月のときに生まれたひよこは老いた月のときに孵化したものよりも健康で、より早く育つはずである。また、月が豊饒宮にあるときに生まれたものは、よく卵を産むようになるだろう。子馬は月がやぎ座、みずがめ座、うお座にあるときに親から引き離すべきだ。家畜を屠殺するのも月の星座を考慮にいれるのがよい。満月の三日後、それも理想的には月がしし座にあるときに屠殺されれば肉は味がよく、まろやかに、しかも長くもつようになるだろう。

月が動物に影響するという、現代の証拠はあるのだろうか。いや、豊富にあるのだ。実際、そのことを長らく疑ってきたのがばからしくみえるほどだ。今や古典ともなった『スーパーネイチャー』でライアル・ワトソンは自然の神秘や驚異への信仰を取り戻させてくれている。彼は、月が実際の動物の生活に影響を及ぼしている実例を多く上げている。

小さなミミズのような生物、コンヴォルターは砂のなかに住んでいるが、日光を受けるために潮が引いたときには海面に出なければならない。実験室のタンクのなかに入れられていても、潮のリズムに従い続ける。このことは一般的に潮汐の影響をうける動物にも見られる。

カキは本来のすみかから一〇〇〇マイルも離れた、孤立した実験室でもすぐにそこで、もしそこが海だと仮定して、起こっているであろう潮汐に適応する（高潮のときに摂食し、低潮のときに殻を閉じる）。これはカキが暗い容器に入れられても同じである。つまり、カキはまぎれもなく月の動きに反応しているわけである。

小さな銀色の魚、グルニオンは大潮と小潮の差を利用している。三月から八月の、満月の直後に、大潮が満ちる直前に、彼らはアクロバティックな技を演じて波打ち際の湿った砂のなかに卵を産むのだ。高潮線のすぐ上に産まれた卵は、次の大潮が来てその幼生が海のなかで孵化するときまで、邪魔されずにおかれる。

アセンション島のハイイロアジサシは第一〇の満月においてだけ産卵する。

四年以上の観察によって、ハムスターは月のリズムに従うことが発見された。活動のピークは満月

の四日後であり、また新月の直後の数日も高いレベルの活動を示す。

天候にかんしても古代の言い伝えの世界に立ち戻ることになる。だが、事情は今日、それほど違うのだろうか。

天候の予兆はつねに月に見られると考えられて来た。月は水を司っているからである。インドでは雨は月からやってくると考えられており、降雨は月の相や特定の月のアスペクトに関係するとされてきた。

もし暦の上で同じ月に、満月が二度起これば、とくにそれが五月であれば、洪水やほかの災害が起こる可能性がある。

月の傘は嵐の先ぶれである。


「月のまわりの輪があれば、すぐに雨が降る」。

「月が銀の盾を見せれば畑を刈るのをためらわなくてもよい。

しかし光輪がみえたら水浸しの地面を歩くことになる」。

「月が仰向けになったら南西風が音をたて、月が上ってうなずいたら冷たい北東風が草地を乾かす」

「月の下のほうの角が暗いときは満月前までに雨が降る。三日月の角がくっきり見えたら一ヵ月の間晴れるだろう。月の上のほうの角がかげっていたら、月が欠ける間に雨が降るだろう。真ん中がかげっていたら満月のときに雨が降るだろう」(97)。

春に月がその相を変えつつあるときに雷が鳴れば天気は穏やかに湿潤になり、豊かな実りを約束する。

春分の日が満月であれば、激しい嵐があるが、その後非常に乾燥した春がやってくる。

しかし聖ミカエル祭(九月二九日)の日の月齢の数は、そのあと何回大雨があるかを示す。

もし四日月までに月が光を投げかけることがなければ、悪天候に備えよ。

「霧のなかの老いた月は金箱のなかの金にも値する

けれど霧のなかの新月は渇きに飽くことがない」(98)

「丸い月に光輪があれば、天気は寒く、荒れるだろう」
「月の夜には夜露がよく落ちるという
明るい月は霜がすぐに降りる」
「青白い月は雨を呼び、赤い月は風を呼ぶ
白い月は雨も雪も起こさない」

もし月がその相を真夜中近くに変えるときには、続く七日間はよい天気になるだろう。もし正午近くに月の相が変われば、もっと変わりやすい天気になる。土曜が新月になると、天候が悪化する。月曜（月の日）の新月は、よい予兆であり、よい天候をもたらす。しかし、日曜に満月が出れば、月が消える前に大雨がある。

ライアル・ワトソンはオーストラリアと合衆国でそれぞれ別個に行われた実験について語っている。それは「双方同じ結論に達したが、嘲笑を恐れて結果の公

表を避けていた。彼らはお互いの存在を知り、結果が確認されて初めて、その結論を発表した。それもお互い支持しあえるよう、同じ雑誌に[99]」。

アメリカの研究では四九年間にわたる気象データのもので朔望月の一週、三週、つまり新月と満月のあとに降雨量が増えることを発見した。オーストラリアでは二五年にわたる観察をへて同じパターンを発見した。ワトソンはこれは流星塵が新月と満月のときには多くなり、それが水蒸気をより多く雲に凝固させ、雨をもたらすのではないかと示唆している。

では、人間の場合はどうだろう。月は人体に影響を及ぼすのだろうか。月は脳に比されてきた。アリストテレスはその双方を冷たく、湿潤で、しかも鈍感だ（！）と考えていた。彼は脳は、欠け行く月のときよりも満ち行く月のときのほうがより水分が多く、充実しているとみなしたのだ。これは、月が人間の精神に影響を与え、「狂気《ルナシイ》に」に駆り立てたり、「月に打たれたり」（狂う、の意）させるという一般の信念とさほど変わらない。また、満月が天頂にかかるときには出産率が高いという信仰も、

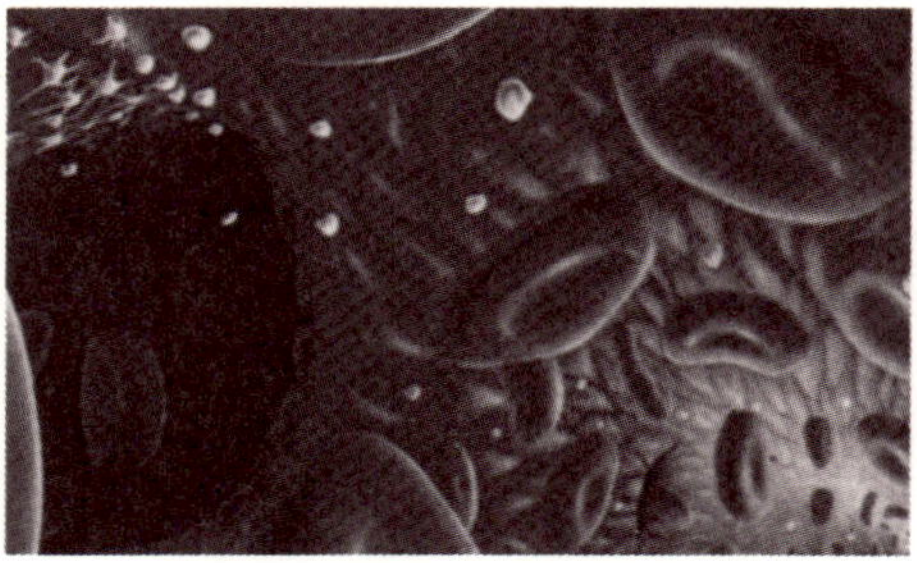

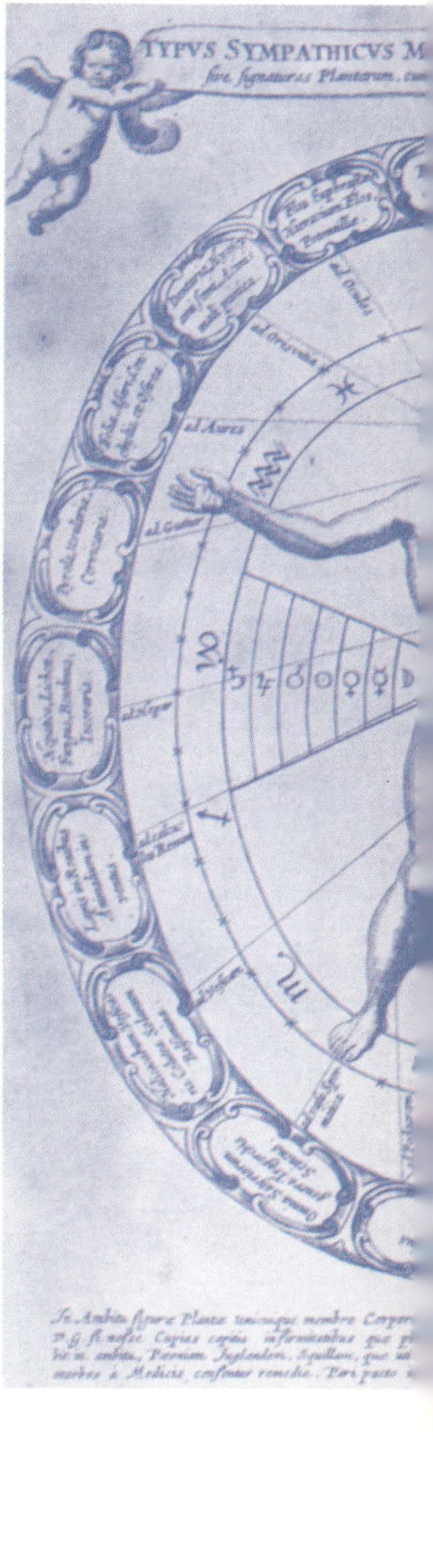

惑星が人体を支配するという信仰は長らく迷信だと思われて来たが、現代の医学はいくばくかの興味深い相関関係を見いだしつつある。

とくに海岸沿いの地域では見ることができる月が子宮の収縮に影響を及ぼすというのだ。多くの占星術師たちは月を血流と結び付けている。

古代インドでは外科医は出血を防ぐという意味で、月が欠けるときにだけ手術をした。

ここで人間と月の関係の証拠を見てみよう。

一九四〇年代の肺結核の研究では、この病気の死亡率は満月の前の七日間に高くなるという。このことは月の周期は血液中のＰＨ度（アルカリ物質の比率）と関係があることを示唆している。同じような関連性が肺炎、尿酸の量、死亡時などの場合にも見いだされている。

喉の手術の後の出血の率は、フロリダの研究では、月の第二週のときに八二パーセントも増加することが発見されている。問題となる事例は満月の前後にピークに達し、新月のときに最低になる。同様の結果は出血性の消化器官の潰瘍についても見られる。アイルランドのある研究では大腿骨の先端部の骨折の治癒の度合いは月の相にしたがって変化することを発見した。

月開拓の副産物として、一九六〇年代に非常に多くの調査がなされ、月の地球への影響が数多く明らかになった。宇宙物理学研究ジャーナルに発表された研究は、毎月の月のパターンが次のもののなかに現れることを示している。地球に降る流星の量。高度の雲のなかで形成される雹《ひょう》のような氷の量、大気中のオゾンの量、アメリカとニュージーランドでの大雨など。また地磁気も月のサイクルに従って変化する。多分、科学者は今やだれよりも月の影響力に確信をもつようになっているはずだ！

第4章　文学のなかの月

作家たちの月への愛を表す例を、いくつか引用してみることにしよう。

「昨夜、遅く、遅く、新月を見た
その腕に老いた月を抱いた(100)」。

「なんて悲しげな足取りで、おお月よ、おまえは空に上るのか
なんて静かに、なんて悲しげな顔で(101)」。

「あんなローマ人になるより
犬になって月に吠えたほうがましというもの(102)」。

HALF MOON
BRAND
GROWN IN U. S. A.
Packed by GOLD BANNER ASSOCIATION
REDLANDS, SAN BERNARDINO CO., CALIF.

「彼は手を伸ばし月をつかみ
彼は海に腕をつっこみ、竜をとらえようとする」。（中国の諺）

「だが、ああ、わたしは無理なことを話している
月を越えたようなことをしている[103]」。

「わたしは捕虜収容所のなかで、月に対する日本人の不思議な憧憬に気がつくようになったのです。この憧憬からある種のフラストレーションや、フラストレーションからくる興奮のようなものにも。そしてこれがその憧憬をさらに強めているのでしょう。それはあたかも潮の満ち引きのようなもので、それは月が膨らみ満月に近づくに連れてますますはっきりしてくるのです。人は、そのことをひどく恐れていました……

この種の現象をアフリカでも見たことがあります。まるで犬が月に吠えるように、ライオンが月に向かってうなり声をあげていたのです。私は、ある夜、月が八時に上ったときにライオンが吠え始めるのを目の当たりにしました。ライオンは月にあまりにもとり憑かれたようになってしまい、その次の日も昼、太陽が昇ってもうなり続けていたものでした。しかし、子細に注目してこの現象を観察していると、それは月とともに弱くなって行くのです。そして日本人のなかには確信のような興奮と期待が満ちていきます。ついに新月が空に現れると、彼らは喜びにつつまれます。まるで月とともに一つの旅を終えたかのように、すっきりした、カタルシスの感情が突然現れるのです。それが月とともに大きくなって満ちてゆき、そして闇のなかに消え、そしてまた光となって現れます……それは、本当に神秘的なことでした(104)」。

「もっとも度を越したのではないかと思えることが起こるのは(日本の捕虜収容所では)月が欠け始めるとき、月が闇に消えてゆくときに起こるのです。潮のような、憧憬の気持ちは満月に向けられていたわけですよね。それが、突然、ただの夜になってしまうのですから。……また、しばしば、私は日本人の精神のなかでは月を男性的だとみるような、極性の反動があるのではないかとも思ったこともあります。……ドイツ人にとっても月は男性で太陽が女性であり、このことが精神のひとつの特徴になっています。彼らも我々も、このようなことについてはあまり考えたり、いぶかったりもしないけれど(105)」。

「そこで、一年の内には太陽が沈むのとほぼ同じときに、満月が上る週が二度、あることになる。ひとつは九月に起こり、『収穫の月』と呼ばれており、もう一方は一〇月に起こり、同じように『狩人の月』と呼ばれている」[106]。

「日は沈み、黄色い月が昇る
悪戯な悪魔は月にいる」。

「月を貞節だなんて呼ぶのはあわてた命名
日が一番長い六月二一日でも　世の中の出来事の半分は邪悪なもの
三時間の間、月は天に昇ってそれをあざ笑う」。（ドン・ファン）

「夜の帳が降りるころ
月はすてきな物語を語る
耳傾ける大地に、夜ごと
自分の誕生の話を語る」。（アディソン、一七一二）

「あるいは内気な月、白い波打つ雲を、
彼女は衣にする
そしてゆっくり昇り、昇って、
休日の尼僧のようにつつましく装う(107)」。

「真夜中に雲をくぐり抜け月が上るのを見た男には
世界と光の創造に立ち会った大天使のごとく見えた(108)」。

「あちら、我らを求める月がまたのぼる
いくど月は満ちては欠けるのか
いくど我らを探し月は昇るのか(109)」。

「見よ！　月が昇る
家々を見下ろしながら、美しく東から銀の丸き月が昇る
ぼんやりした幻のごとき
大いなる、静かなる月が(110)」。

「この岸に昇る月のいかに美しいことか
ここにたたずみ、楽の音に耳傾けよう」[111]。

「月が輝くと蠟燭は見えない
まばゆい光が淡い光をかすませる[112]」。
「それは森の上で輝いて
夜露に濡れた葉から、光の小川を走らせる[113]」。

「月の夜には、見張りの天使は速記を使う」(作者不詳)

「女の子も男の子も遊びに出てくる
月が昼間のように輝く日には
掛け声かけて、呼び声かけて
いい子たちが遊びに出てくる、いい子のほかは出て
こない」。

「バスケットに乗って月より七倍も高く
投げられたおばあさんがいた
おばあさんはどこに行ったの？　私はどうしても聞きたかった
おばあさんは手に箒を持っていたから
私は聞いた『おばあさん、そんなに高く、どこに行くの』
『空のクモの巣を払いにいくのさ』」

「おお、澄んだ月、我が道化の月よ！
私のろうそくの火は息絶えた、
もはや炎は燃えたたない」

「ヘイ、踊ろう、踊ろう
ネコとバイオリン
牛は月を飛び越えようとした
子犬はそれは無理だと笑った
皿はスプーンと逃げ出した」。

この童謡は一七八五年ごろに初めて出版されており、それ以来、その意味については多くの解釈がなされている。それも異教の儀式を指すというものから星座の暗示（おうし座、子いぬ座など）、さらにはエリザベス女王、レディ・キャサリン・グレイの暗号を示すという説などにまで多岐にわたる。さらに、まだまだ解釈もあるのだ。また、古い宿に備えられていた猫（トラップボール。古い遊戯）とバイオリン（音楽）から来ていたのかもしれない。しかし、ある研究者は「わたしは猫とバイオリンを使った奇妙な陰謀が牛を扇動した、乱痴気騒ぎを記念したものだと考えたい」という。

月見は日本の詩のなかでよく見られる主題である。伝統的な詩のなかでも最も美しいもののなかには月を情念と愛の象徴として用いているものもある。また日本の詩では雪見と花見も広く見られるテーマだ。

九世紀の詩人業平によるこの有名な和歌は月を非業の愛の情を呼び起こすために用いている。

「月やあらぬ　春や昔の　春ならぬ
我が身一つはもとの身にして」

これはこのように訳せる。「月よ、おまえは変わらないのか。春は以前の春のままではない。元のままでいるのは、わたしだけなのだろうか」

もうひとつのよく知られた歌は、九世紀の女流歌人小町によるもので、月が実際に古代の恋人に

とって重要な働きをしていたことを示している。

「人に逢わん　月のなかには　思いおきて
　まねはしりびに心やけおり」

訳は、「月が会う機会をくれる。こんな夜にはわたしの情熱は胸に燃えたぎる。そしてわたしの心を焼き尽くす」

「初めてあなたの顔を見たとき
太陽があなたの目に昇っているのだと、そして
月と星はあなたが暗く夢幻の空に与えた贈り物だと
わたしには思えた」（エヴァン・マックオール）

「だが待てよ、あそこの窓から漏れてくるあれは？　あの光は？
そうだ、あの窓は東の空で、ジューリエットは太陽なのだ！
美しい太陽よ、さ、もっと高く昇ってください、そしてあの月の女神を、
あなたが自分に使える乙女でありながら自分よりもはるかに美しいのを妬み、
その悲しみの余り蒼白く病みつかれているあの月の女神を、どうぞ黙殺してください。
あのように嫉妬深い月の女神に仕えてはなりません。
あの女神に献身を誓った乙女の衣裳は病みほおけた薄緑、
道化のほかはだれも着ないはず[114]」。

ロミオ　おお、ジューリエット、この庭の果実豊かな樹々を銀色に染めている、
あの清らかなる月にかけて私は誓う……

ジューリエット　いいえ、それはいけません、空の旅路をめぐりつつ、

月毎に姿を変えるあの月に、あの浮気な月にかけて誓ってはなりません、あなたの愛が月のように変わりやすくなるのはいやでございますもの」。[115] [平井正穂訳]

月光 この提燈は角形の三日月をあらわしまして、てまえは、月のなかなる人間ということになるようでして。

シーシアス でたらめも、こうなるとひどい。それでは、あの男、提燈の中にはいらなければならなくなるぞ。さもなければ、どうして月の中なる人間になるのだな?

月光 まず申し上げておかねばなりませんのは、つまりこの提燈がお月様なので、てまえは、ただ月の中なる人間で、この茨がてまえの茨で、この犬がてまえの犬であるということでして。

デメトリアス へえ、それはみんな提燈の中になくてはいけないはずだがな、だって、みんな月の中にあるものだからな。[116]」 [福田恆存訳]

「……今や大空は
生き生きと息づく碧玉で輝いていた。星の群れの先導の
役をつとめる宵の明星が、ひときわ明るくその光を放って
大空を駈けていったかと思うと、群がる雲に包まれて月が
厳かに昇っていった、そして、まもなく、その
女王然とした姿を忽然と現し、たぐいなき光輝を放ち、
黒々と横たわる一切のものの上に銀色の衣を投げかけた[117]」。

「こうやって鬱蒼たる幽居に着いた二人は、共々に立ち、
共々に同じ方角を向き、漠たる蒼穹を仰ぎ、今自分たちの前に
展開する空と大気と地と天を、煌々と輝く月を、さらにまた
星屑の瞬く夜空を造り給うた神を、賛美して言った[118]」。[平井正穂訳]

また月光は妖精たちをも思い起こさせる。

「高い山には
緑の谷間には
狩りにいったりはしない
小さな人々がこわいから

おちびさん、おりこうさん、
緑の上着に赤帽子、
白いフクロウの羽つけて
みんなおそろいでやってくる」[119]［井村君江訳参考］

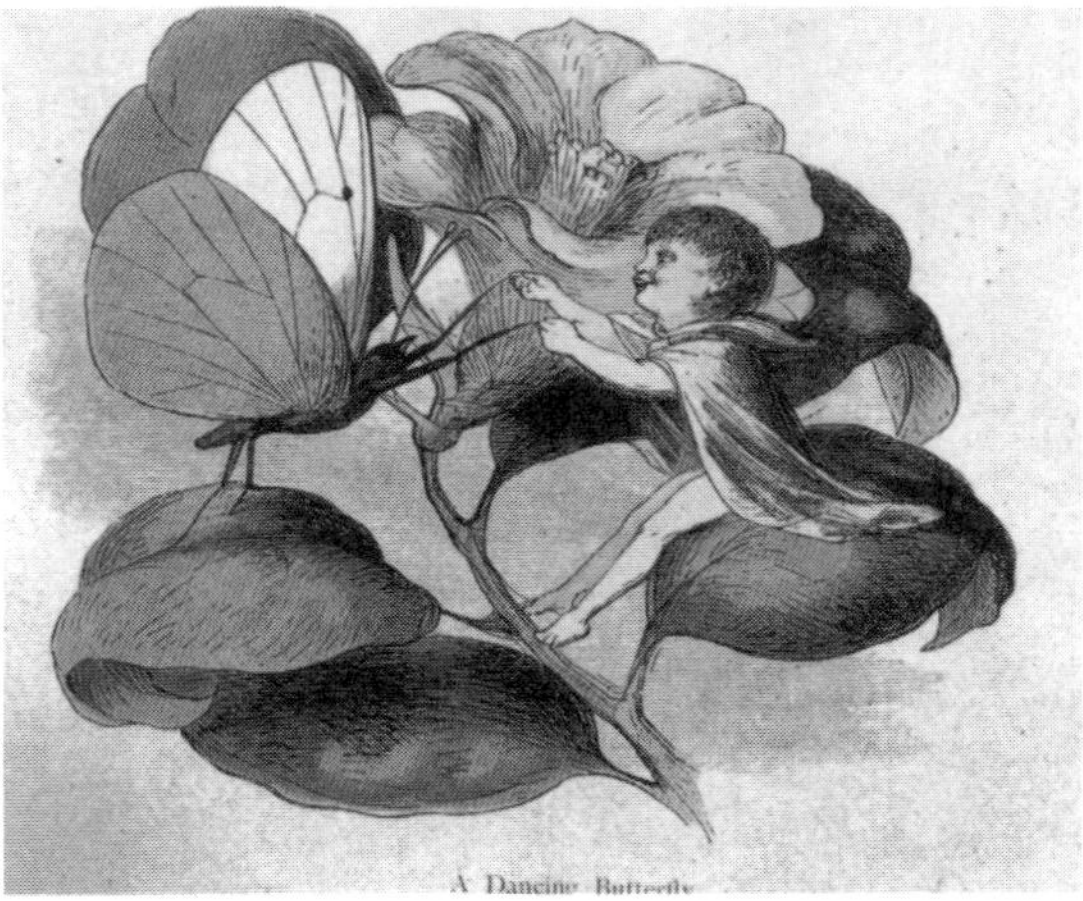

A Dancing Butterfly

上品なヴィクトリア朝人たちはこの詩が月が死者の国であるという異教的な信仰を反映しているとはまさか思わなかっただろう。

「月夜に犬がほえるのを聞いて
窓から外の景色をのぞいてみたよ
死んだ昔の知人が
一人で、あるいは二人ずつ並んで歩いている
町の人々がみんな、
死者たちがゆく、そう、死者たちがゆく
小道で月夜に生まれてまた深い影のなかに消えていった死者たち
月光をまたいで、影から影へ
老いも若きも、女も男も
どんどん、どんどん、動く橋をつくっている
長らく忘れていた人もおおかったけれど今思い出した
はじめ苦い笑いがわいてきて

すぐに悲しい涙がわいてきた
そしてたからかに音楽が鳴り
毎朝、毎日、
彼らを思い出すことになった」［アリンガム、「夢」］

「僧院の上に深く降り積もった雪は
月光を照り返し
わたしの息は蒸気のように、天に昇って行く
わたしの魂もその息の後を追ってゆけますように！
天は星々を瞬かせ、
光を下界に深く放つ
そして天を見上げると
門が開かれた
その奥には私の罪を清める
天の夫が待っている(120)」。

「シリルとフロラインとともに
人知れず宮廷から盗みでて、
おそるおそる、猫のように忍び足で町を抜けた
あの月の細き鎌もやがては
金の盾になった。

父の嘆きも、後ろに聞こえるばかり[121]」。

「今宵私の家の軒では、
吟遊詩人はクリスマスの楽の音を鳴らす
たくさんの葉をつけて、輪になった月桂樹は恋をして
本来の緑の色もいやますように空の月の光を照り返す[122]」

「これは、心の光、冷たく、星のような。
心の樹々は黒。
光は青。
草は私の足元にその嘆きを漏らす、まるで私が神であるように
わたしのかかとをちくりと刺して、頭をたれて
立ちのぼる霧がこの地に込めて
わが家と墓標の列に濃くたなびいて
どこにつづくのか、見えない
月は扉ではない
それは、それ自身がひとつの顔、
まるでひどく怒っているかのように血の気のひいたもの。
月は、静かに海に潮を起し
深い絶望のうちに口をあけて。
わたしはここに住んでいる
日曜には二度、鐘が空を驚かせ、
八つの偉大な言葉が復活を宣言する。
そして最後には彼らはかしこまってその名を張り上げる

イチイの木はそびえ立つ。まるでゴシック建築のように。
その木にそって視線をあげてゆくと、月が見える。
月は我が母。月は聖母のように優しくはないけれど。
その青い衣は小さなコウモリやフクロウを解き放つ。
どのようにして、蠟燭でやわらげられ、やさしげな目を投げかける
その顔の優しさを信じたいことか
わたしは遠く落ちてしまった。雲は青く流れ
星々にかかる
教会のなかでは聖人たちはすべて青く、冷たい席の上に
ひそやかに浮かび上がる。その手、その顔は聖性をおびて堅く
月はこのようなものを何も見ていない
彼女は飾り気もなく荒々しく
そしてイチイの木のメッセージは黒さ……
黒さと静寂[123]」

「その夜の優しさ
今星の妖精に囲まれて
月の女王が玉座についたのに
この地上に光なく
ただ天空から吹きおろす微風とともにあるもの
緑の薄闇とうねる苔道を吹き抜ける微風と共にあるもの(124)」

「月はつかれているのでしょうか
霧のヴェイルのなか
あんなに青白く見える
月は空を東から西まで
休む間もなく測る月
夜のくる前
月は薄く、白く見える
夜が明ける前には
彼女はゆっくりと消えてゆく(125)」。

「子をはらんで、気の高ぶった
月は空をよろめきながら進む
そのさ迷える、絶望の視線で、
月に打たれ
我らは、彼女の痛みで生まれた
子供達をむなしくも捜し続ける(126)」。

「夜は愛するために造られたというのに
朝はあまりにも早くやってくる
もはや月の光の下では
さまよい歩くこともないだろう(127)」

「星はかすみ、夜は濃く
舵手の顔は、その灯で白く照らし出され
帆からは露がしたたり落ちて
東の帆に
三日月がまばゆい星を伴って
地下から昇るまでに。
ひとつまたひとつ、星に追われる月にともなって
ため息をつくまもなく
それぞれが、幽鬼のような悲しみに満ちた顔を向け

その目で呪いをわたしにかけた(128)」

「夜、穏やかな夜、月は高く昇っていた。
死者はともに立っている。
皆、納骨地下室の取り付け人のために甲板に立った。
月のなかに輝く
無表情な目が私に向かっていた(129)」

「彼らは、言い伝えにしたがって、虫はランタンで、月はグリーンチーズでできていると信じさせた(130)」。

「ああ、きみのなかには何があるのか、月よ！
ぼくの心を、こんなにもつき動かす月。
まだ子供だったころ、ぼくは涙を、
きみの微笑みのしたでかわかしたものだ。
きみはぼくの姉のようだった。手を取り合って
朝まで大空を歩いたものだった[131]」。

「月の貴婦人よ、あなたはどこに行こうというのですか。
海の上を超える、月の貴婦人よ、月の貴婦人よ、あなたはだれを愛するのでしょうか
私を愛するすべてのもの。あなたは
眠るために休むこともなく動き続けて、飽くこともないのでしょうか。
どうしてそんなに蒼白で、悲しそうで、泣きだしそうに見えるでしょう。そんなことは聞かない
でおくれ、小さきものよ、わたしを愛しているのなら。
無理を言わないでおくれ。わたしはわたしの愛する父にしたがわなければならないし、言い付け
をまもらねばなりません。
月の貴婦人よ、月の貴婦人よ、あなたはどこにいこうというのでしょう。
海の上で、月の貴婦人よ、月の貴婦人よ、あなたはだれを愛するのでしょう。
わたしを愛するすべて(132)」。

「おだやかに、しずかに、いま月は
銀の靴で夜空を歩く
こちらに、あちらと、月は
銀の木の銀の果実をのぞき込む
銀色の屋根の下にある窓はどれも
彼女の光線を受け止めている
小屋ではぐっすり、体を丸めて
銀の手足の犬は眠る
陰になった小屋から、銀の羽の鳩たちの
白い胸ものぞいている
銀の爪の、銀の目の
ねずみも跳ね回る
銀のアシの生えた銀の川の水面に
じっと動かぬ魚も見える(133)」。

「どなたかおいでですか、と旅人は尋ねた
月で照らされた戸をたたいて。
けれど、うらびれた家に住む
幻の群が聞くばかり
幻の群は、人間界からの声を
月光の下で聞くばかり
無人の広間に続く
暗い階段で、淡い月明かりに
幻たちは群がっているばかり(134)」。

「満月の光が部屋に差し込んであなたを照らし、ランプの明かりが消してしまうとき、どんなふうに感じるか聞かせてごらんなさい。そうすればあなたがいくつで、今しあわせかどうかなどを当ててみせましょう(135)」。

「感情の表現は無限の豊かさとさまざまな形をもっています。月光はアメリカ人の肉屋に、妻にこんなことを言わせることもあるのです。
『こんなに美しい夜には、もうじっと寝てなんかいられない。出て行って、何頭か家畜を絞めなければ[136]』」。

「月の男はつかまった
他人の山から薪を盗んだから
もしそのまま通りすぎて、茨をそのままにしておいたなら
あんなに高く月にいることはなかったろうに」

「数秒のうちに監視人は二四万マイルを旅して、月についた。……そこには街があった。その街は、卵の白身を激しくコップ一杯の水のなかでかきまぜたときにできるような、ものだ、といえば多少は近いだろうか。その材料はそんなふうに柔らかく、薄い大気のなかにたなびくような透明な塔やドームを形作っていた。我らが地球はその上に火の玉のようにうかんでいた。月の人々は我らが地球について論じあっており、地球に住めるかどうか、疑念をもっていた。彼らがいうには、大気は濃すぎて知的な生命はそのなかでは生きられないだろうという。彼らは月だけが生存可能な場所であり、惑星系の中心だと考えていた。なんと奇妙な考えを、人間、いや月の住人たちはもっていることか[137]！」

第5章　月の食べ物

この章では、月の宴のための料理法をいくつか、お楽しみのためにご紹介することにしよう。

中国の月

中国では月はつねに重要な位置を占めるものだったが、とくに八月半ばの月は、西洋の収穫の月とも比せられるもので、もっとも美しい月だと考えられてきた。

それは、月の宴の時である。人々はこぞって月を眺めにでて、詩歌を詠み、そして月餅を食するのだ。月餅とは小麦とブラウン・シュガーでできた真ん丸の菓子で、なかには甘味が詰められている。北部では、白餡と黒餡の二種類しか詰められることはないが、南部ではこの詰め物はハム、ナツメヤシの実、乾燥したアプリコット、くるみ、ラード、スイカの種などからつくられることもある。

月餅

この月餅のレシピは上海のものだ。できれば伝統的な菊の紋や漢字が彫り込まれている中国の月餅型を使えればいいのだが、自分で型にはめることも簡単だ。型は直径三インチ程度(七センチくらい)がよい。焼く前にはあなた自身のデザインを描くことも試すことができる。つまり、あなた自身の「伝統的な文様」ができるわけだ!

小麦粉四カップ
ブラウン・シュガー大さじ四
塩小さじ二分の一
マーガリン一一〇グラム
卵一個
ごま油大さじ一

詰め物
ピーナッツ大さじ二
ごま大さじ二
くるみ、あるいは松の実大さじ二

やわらかく煮たクリ、または熱湯にひたし皮をむいたアーモンド大さじ二
干しぶどう、またはほかのドライフルーツ大さじ二
砕いた乾燥アプリコット大さじ二
ブラウンシュガー大さじ二
マーガリン大さじ二
米粉、またはポピーシード大さじ二

オーブンを前もって二〇〇度Cにまで暖めておく。菓子は一六個ほど作ることにする。まず、小麦、砂糖、塩を一緒にふるう。マーガリンを小さくきって、小麦のなかにいれボロボロになるまでこねる。十分なお湯(カップ半分)を加え、ペースト状の練り粉にして、布をかけておく。ピーナッツを厚いフライパンで二分ほど煎る。ゴマを加え、はじけて飛ぶのをふせぐために蓋をし、さらに二分煎る。ピーナッツとゴマをフード

プロセッサーかブレンダーにいれて他の豆類と一緒にひく。詰め物のほかの材料を加えて混ぜ合わせる。ペーストを板の上にのばし、ペーストカッターで、型にいれるために円形にペーストを切り出す。もし型がなければ小さなパイ皿を作る。型にはマーガリンを塗りつけ、型の底と側面にペーストをのばす。スプーン一杯の詰め物を入れそっと押して詰める。上の縁を濡らし、もうひとつペーストで円形の板をくりぬいて、張り、蓋にする。それを張り合わせて、もし型を使っているのなら型からはずす。菓子をすべてベーキング・ペーパーの上に並べる。卵と胡麻油を解き合わせたものを、菓子の表面に塗りつける。菓子が黄金色になるまで、三十分ほど焼く。

これで一六個の菓子ができる。(ジャック・サンタ・マリア著『中国の菜食料理』、ライダー社、ロンドン、一九八三年より)月餅にそえて、熟れたメロンや大豆、果物なども庭に供えられて感謝の意を表すのである。

ムーン・シャイン

ムーン・シャインのこのレシピは一八世紀英国の料理本『平易で簡単な料理』グラス夫人著からのものである。このレシピは、必ずしも平易で優しいものではなく、むしろ壮観なものだ。ここでは参考のためにあげておくことにする。もしその気ならこの複雑な肉のレシピをお好きなパテや野菜類で代用することもできる。これは大きな半月型の型ひとつと、大きな星の型をひとつ、二、三の小さな星の型で作る。

「二本の子牛の足を四・五リットルの水で、それが四分の一になるまで煮る。それを漉《こ》し、冷めたらすべての脂肪をとり、またゼリーを半分とり、好みで砂糖、卵の白身四個分を交ぜたものを加え甘みをつける。弱火にかけ、それが沸騰するまでまぜる。そして次にフランネルの袋できれいになるまで漉し、それをきれいなシチュー鍋に入れる。熱湯にさらし皮をむいた甘いアーモンド三〇グラムを用意し、鉢のなかで、小さじ二杯ずつのローズウォーター、オレンジ・フラワー・ウォーターを加え、非常に細かくすりつぶす。そしてそれを粗布で漉し、ゼリーとまぜ、大さじ四杯の濃厚なクリームとまぜ、それが沸騰するまでまぜる。皿を用意し、その中央に半月の型をおき、ブラマンジェを流し込む。それが冷め切ったら型を外し、もう半分のゼリーを〇・五リットルの良質の白ワインとレモン二個か三個分のジュース、十分甘みをつけるだけの砂糖棒、八つ分の卵の白身を加えて、強くかきまぜる。弱火にかけて、沸騰するまでよくかきまぜ、フランネルの袋できれいになるまで漉して鉢のなかにいれる。そしてそれをさきほど型をはずしたところにそっと流してゆく。それを冷めるまでおいておき、そしてテーブルに出す。

注意。詰め物を濃厚なアーモンド・カスタードで代用することもできる。それが冷めたら、半月と星を透明なゼリーで埋める。」

ムーン・ビスケット

ムーン・ビスケットは、伝統的には月神降臨儀式の際に（一七一頁を見よ）ワインとともに食される。これは三日月の形をしており、そのなかにまぜられたまるごとのヘーゼルナッツは来るべき満月を表している。

全粒粉二五〇グラム
ソフト・ライト・ブラウンシュガー七五グラム
バター、もしくはベジタリアン・マーガリン一七五グラム
ヘーゼルナッツ適量

オーブンを一五〇度Cに暖める。バター、もしくはマーガリンを砂糖と混ぜ合わせる。小麦を加え、それを混ぜ合わせ、粉をひいた台の上でこねる。まるごとのヘーゼルナッツをそこに加え、一から一・五センチの厚さに延ばす。もし三日月型のペーストカッターをもっていれば、それを使ってビスケットの形をつくればよい。しかし小さなナイフを使って自分で切り出せば、もっと個性的なものができるだろう。また表面にいくつか印や月のシンボルを加えてもよい。ビスケットをベーキング・シートの上にならべ、黄金色になるまで焼き上げる。

第6章　月を越えて

人類が月に第一歩をしるしてから、すでに二〇年以上になる。このたった一つの歴史的な出来事は、月への感じ方を劇的に変えてしまった。月の女神は、この訪問によって凌辱され、月から詩情が失われてしまったという者もいる。が、これは本当にそうだろうか。あるいは、再び月に足を踏み入れることはあるのだろうか。

月に関して、いろいろな疑問を解くため科学者たちが知りたいと熱望していることはまだまだたくさんある。たとえば、月で生命が生存することは可能か、もし可能ならどんな生命か／月と地球は別々に形成されたのか、それとも同時に誕生したのか、月ではまだ未知の鉱石や金属を発見することができるだろうか／人類がまだ訪れていないところ、たとえば月の北極では水があるのだろうか／といったことだ。

人類の月面探査はもう一度、我々の生きているうちに行われるかもしれない。アメリカの宇宙開発局は将来の宇宙探査を考えている。

現在考えられている可能性としては、火星の有人探査など、さらに太陽系を探査するものや月に植民基地を作るといったものさえある。月へはすでに人間が訪れているために、後者の可能性はあまり魅力的に見えないかもしれないが、しかしこれは非常に豊富な情報を提供することになるだろう。もし成功すれば宇宙飛行士は月面探査の乗り物に乗り換える前に、宇宙ステーションに立ち寄ることになる。彼らは酸素を掘り出すため月に二週間ほど滞在し、次に三〇人ほどの人間が数ヵ月暮らせる月面基地を作るだろう。

遠い宇宙を観測するために都合のよい、月の裏面に巨大な望遠鏡(できれば月のガラスをつかって)を造ることも提案されている。また月は、たとえば超伝導などについての深い研究や他の惑星への移住・適応の可能性の研究などのために理想的な「実験室」にもなるだろう。

しかしながら、今の時点では宇宙探査が生み出す美や驚異の念は、人間同士の絶え間ない争いによって後退している。合衆国は「スターウォーズ」計画を発表、宇宙をまた新たな領地争いの武器にしようとしている。アメリカ(チャレンジャー号の悲劇以来、大きく後退している)とソ連、ヨーロッパ宇宙局と日本、中国の間で再び「冷戦」が始まらないともかぎらない。これら各国は新たな宇宙開発競争に加わっているのだ。

もうひとつ、未来の構想は月をスペース・コロニーを建設・維持するための資源の源して使おうというものだ。こうすれば、すべてを地球上で造るより簡単で安価であろう。月は必要な原料、つまり鉄・アルミニウム、チタニウム、マグネシウムなどすべてを含有している。そのときには圧縮された資材は、ある種のそりに乗せられ、そして宇宙空間へアルミニウムのレールにそって（パチンコの玉のように）「弾き出される」ことになるだろう。

月面上陸は、ついに月の生命存在という希望を打ち砕いた。……だが、ほんとうにそうだろうか。いいや、とんでもない！　このような信念を放棄するのは難しいように思われる。UFO学は月の生命の物語の現代版であるし、月面着陸のあとですら、月の回りには異星人の宇宙船が飛んでいるという話があるし、また月の遠い面には大気や水や森や開拓地を見つけたという話さえある。

カール・ユングなら、このことにたいして、一言、あるはずだ。外惑星の生命を信じたいという我々の熱望は、ある種の投影であると彼は言っている。生きることはここではつらいものであるし、さらに地球規模の災害によってますます脅威は増してきている。天からやってくる救世主を求めたり、将来、せめて休息を得ることができるような、友好的な文明を発見したいと思うのも無理はない。も

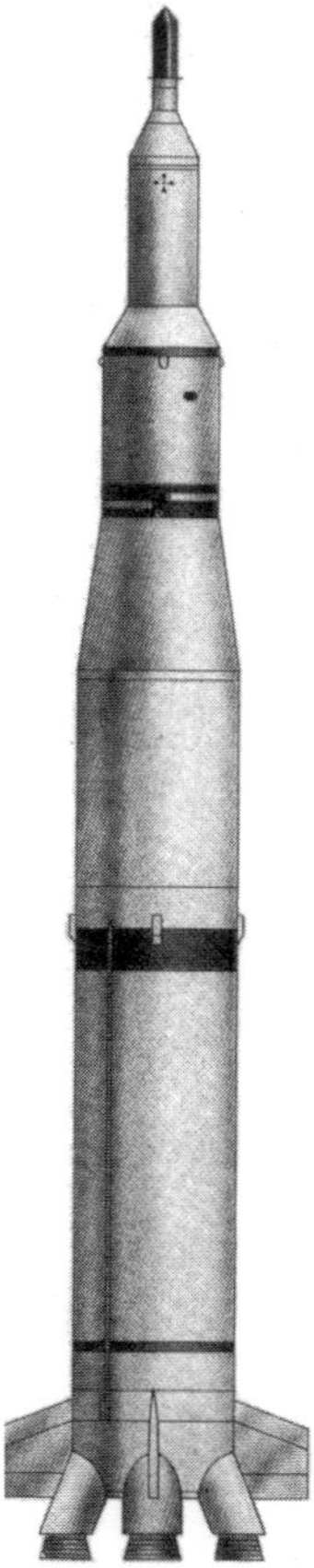

人類が月面に到達してから二〇年以上もたった。我々が生きているうちにもう一度月探査がなされれば、それはスペースコロニーを造る資源を供給することになるだろう。

アポロ11号などが持ち帰った月の岩石の標本は月の神秘のいくばくかを暴き出した。しかし、少しのあいだ月を見つめれば、いかに多くの神秘が残っているかがわかるだろう。

し、黙示録にあるような惨劇が起こったら、月はどうなるのだろうか。黙示録は月をひとつの象徴として用いている。

「また、見ていると、子羊が第六の封印を解いた。そのとき大地震が起きて、太陽は毛の粗い布地のように暗くなり、月は全体が血のようになって、天の星は地上に落ちた。まるで、いちじくの青い実が、大風に揺さぶられて振り落とされるようだった」（黙示録六章一二―一三）

しかしそのあと月はもはや必要でなくなるとも言っている。

「この都には、それを照らす太陽も月も必要でない。神の栄光が都を照らしており、子羊が都の明かりだからである」。（黙示録二一章、一一―二三）

このように聖書は太陽と月によって記される、時の終末と、すべての対立物が一致する、神の国の到来を描写している。おそらく、このような黙示はやってこないだろうが。

大母神への関心、月の女神――それらを我々自身のセンシティヴで、根源的なものと呼んでもよいが――への興味はますます強くなっている。

月の女神は、忘れられたことなどなかった。彼女は、ときに月が闇に欠けるように、ときどき隠れたことはあったが、しかし歴史を通じて生き抜いて来たのである。彼女はつねにここにあって、我々の内奥に働きかけ、その美、その創造性、その神秘は我々の心の琴線にふれてきたのだ。今や彼女は再び満ち始めている。長らく無視されて来た我々の「女性的」な面を発達させる必要性を意識するにつれ、月も見直され始めている。イシス、ディアーナ、アルテミス……どんな名前を選ぼうと、女神

は我々の救いである。月面着陸の、もっとも大きな成果は、遠い場所について知識を得たということなどではなく、むしろ我々の故郷の姿を見せてくれたということにある。

「月の光は、借り物、それは反射光である。またそれは地球からも反射している。それを見るには、ずっと遠くにいけばよい。宇宙飛行士は、月から見た地球の美しさを信じることができなかった。月はごく平凡だった。草さえも生えず、水も、美しい山も、木も、鳥も、生命もなかった……しかしそこから地球をみたとき、地球はかくも栄光に満ち、かくも美しいものであった(138)」。

▼我々はいまだ月に目を向けている。科学者たちはその起源や構造などについて解くべき疑問を数多くかかえている。

第3部

月の科学

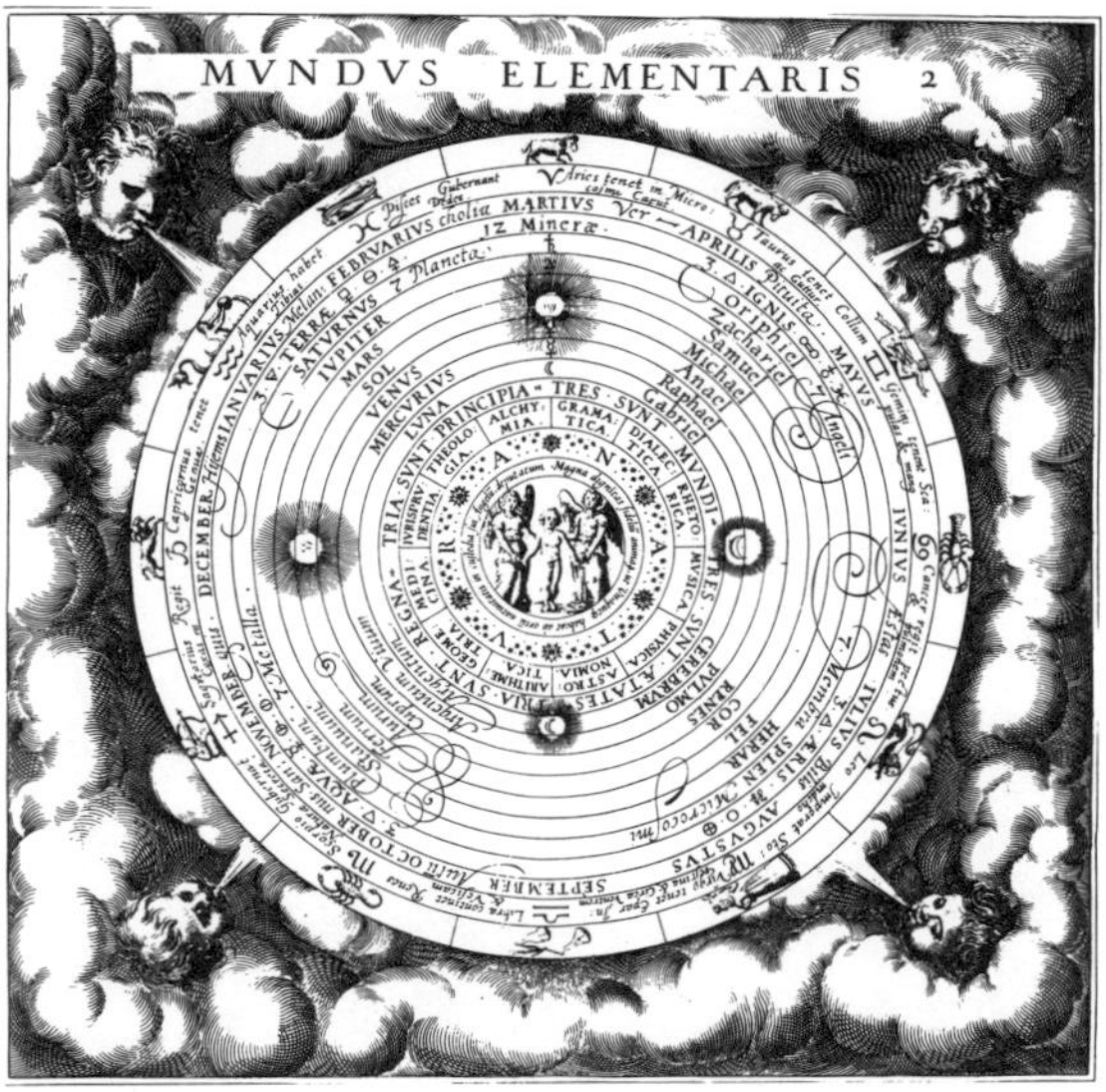

8

第1章　実際の月

〝彼は、「月はグリーンチーズでできている」と、友人たちに信じさせた(139)〟

月は地球に最も近い天体であり、その荒涼とした世界はいつの時代でも私たちを魅了してきた。月は、ガリレオが持っていたような小さな望遠鏡でも見ることができる。望遠鏡を使って初めて月を見たときのことは、忘れることができないものだ。ただの平らな輝く円盤が、にわかに一つの世界、一つの天体となって見えるのだ。真っ暗な宇宙の虚空を背景にして、ぎざぎざの輪郭の、しかも平坦でもない月は浮かび上がってくると、長い間知らなかった月の本来の姿について、様々な考えや疑問がわいてくる。本当はどんな形をしているのだろう？　何でできているのだろう？　大きさは？　どのくらい離れているのだろう？　これらの謎は今では明らかにされている。何千年にもわたる興味深い考察の末に、私たちは最も身近な隣人についてたくさんのことを知るようになった。まだ残されている謎もあるが、一つだけ確かなことは、月にはただのグリーンチーズ以上のものがあるということだ。

月の謎が次々と明らかになっても、月明かりの夜は魅力的だ。だが、私たちは月をうっとりと見上げながらも、そこには地球上でのような豊かさは全くないことに気がつくだろう。日が当たれば焼けるように暑く、日陰に入れば凍りつく。赤道での日中の気温は華氏二六〇度にも達し、夜中には華氏マイナス二七三・二度という想像を絶する寒さになる。数え切れないほどの多種多様な生物、環境、植物など、地球上ではあたり前のものが、月という荒れ果てた永遠に変わることのない不毛の地では、大気がないため全く見ることができない。では、私たちは月のどんなところにひかれるのだろう。

月を地球との関係で見てみよう。地球から月までの距離は、二三万八七一三マイル（三八万四四〇〇キロメートル）である。これは地球の直径の約三〇倍で、ニューヨークとサンフランシスコを二五往復するのと同じ位である。言い方を変えると、数十億光年も離れた銀河や星雲と比べれば、地球から月までは一光秒（光が一秒間に進む距離）を少し越える程度の距離だということだ。また別の言い方をすれば、お互いの肩の上に立って（四フィートづつ鎖のようにたして行くと）月まで届くには、中国の人口の四分の一だけですんでしまうのだ。

ご存知のように、月は私たちに最も近い隣人である。地球に一番近い惑星である金星でさえ、月までの距離の一〇五倍も離れているし、海王星では一万一二〇八倍以上にもなる。地球から月までの距離は、誤差一フィート以内で測定することができる。これは、アポロ11号の宇宙飛行士たちが月に残してきた特殊な反射鏡のおかげである。これにレーザー光が反射して、月と地球の間を行ったり来たりすることで距離を測定できるのだ。

しかし、月と地球の距離は常に一定ではない。月の地球に対する公転軌道が楕円であるため、その

距離には一一パーセントもの変動が生じる。最も近づいた位置を近地点といい、最も離れた位置を遠地点という。近地点では、二二万一四五六マイル（三四万五四一〇キロメートル）まで近づき、遠地点では、二五万二七一一マイル（四〇万六七〇〇キロメートル）まで遠ざかる。月と地球との距離には、三万マイルを越える変動があるが、これは、月が公転軌道のつぶれた部分にあるか伸びた部分にあるかによって変化する。

月は、地球と太陽の両方から引力を受けるためその軌道が楕円になる。

平均軌道速度　〇・六三マイル／秒

表面積　二三七一万二五〇〇平方マイル

密度　水の密度の三・三四倍

輝度　太陽の輝度の約一〇〇万分の一

相対サイズ　太陽系の中のどの惑星よりも小さい

直径　二一六〇マイル（三四七六キロメート

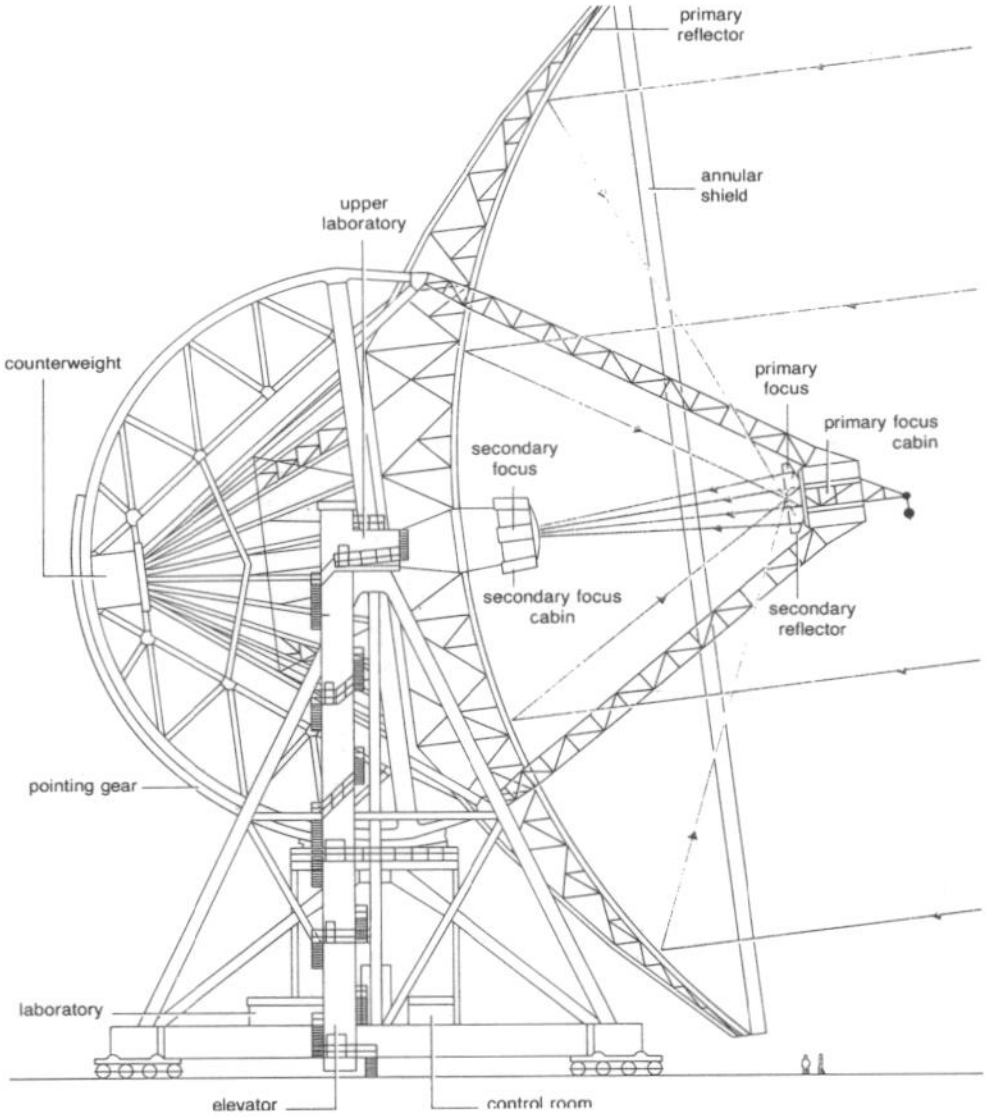

上図の電波望遠鏡を使って、月面の荒れ果てた様子を右のように鮮明に見ることができる。この写真には、酷寒と酷暑を繰り返す荒廃した土地の光景がよく表れている。

月の地球に対する公転軌道が楕円であるため、月の大きさは変化して見える。見かけの大きさは近地点（最も近づく位置）では遠地点（最も遠ざかる位置）より11パーセントも大きくなる。

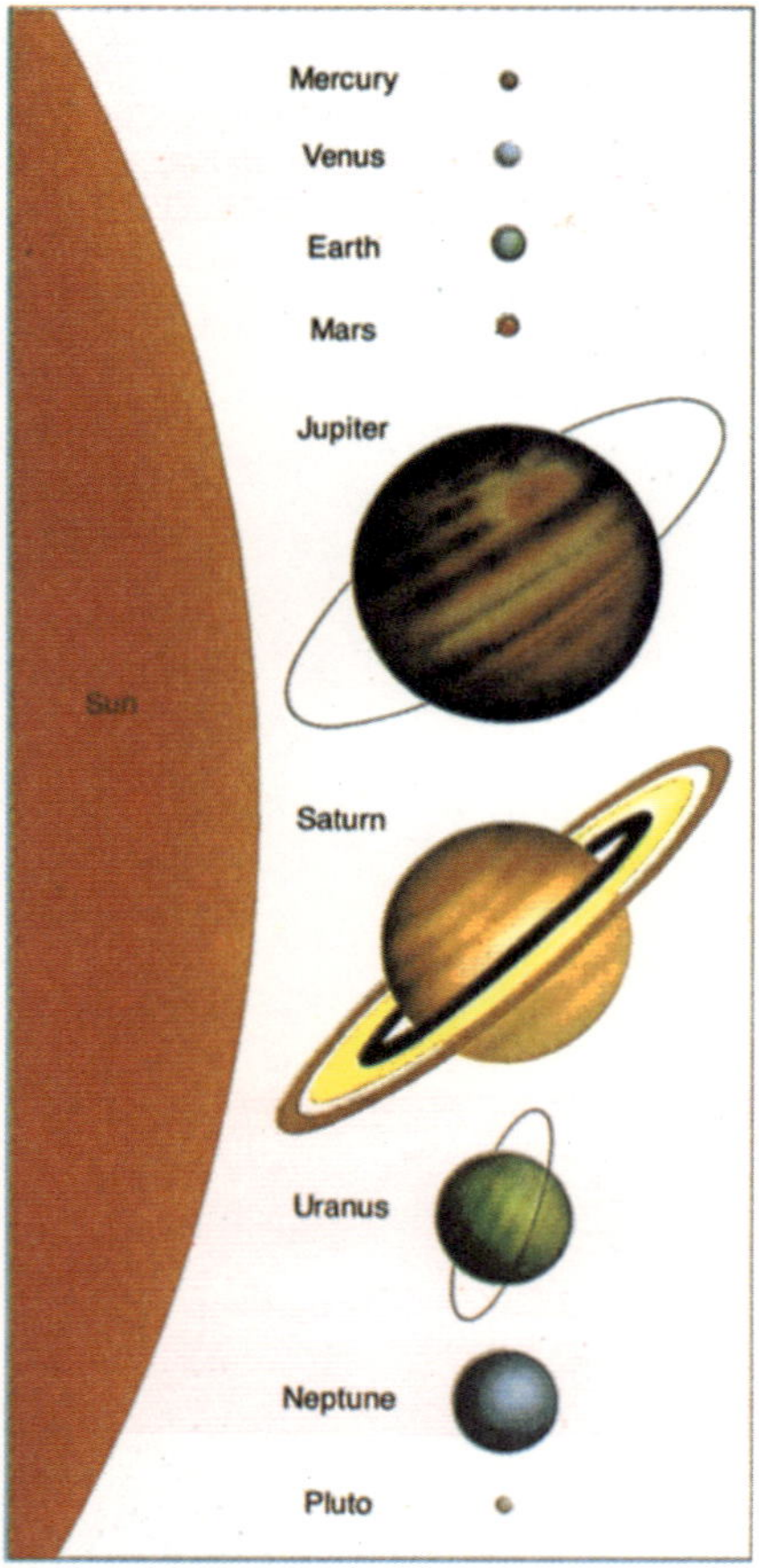

ル）——地球の直径の四分の一強

質量　地球の質量の一八分の一弱

表面積　地球の表面積の一三分の一弱

体積　地球の体積の約一五分の一

半径　約一〇八六マイル（一七三八キロメートル）
地球の半径の〇・二七二五倍

重力　地球の重力の六分の一

大気　なし。このため、雲も気候も音もない。ただし、きわめて微量の水素、ヘリウム、ネオン、アルゴンが存在している痕跡が見られる。

年齢　四六億年

月の大きさ

月と地球の大きさは、どのように比べたらいいだろうか？　月の重さは、地球の重さの一〇分の一しかない。厳密にいえば八一×一〇一八トンで、つまり五〇トントントラック一、四〇〇×一〇六×一〇六×一〇六台分の重さ、別の言い方をすれば、荷物を満載したジャンボジェット二〇〇億機分に相当する。これほどの巨大な大きさでも、地球の大きさの一・二三パーセントにすぎない。

月の直径は二〇〇〇マイル強、三四七六キロメートルで、地球の直径七九二六マイルの約四分の一である。これは、サンフランシスコとクリーブランド間の距離にほぼ等しい。実際、月はアメリカの中にぴったりと納めることができる。また、言い方を変えると、地球を私たちの頭の大きさとすれば、月はテニスボールの大きさになる。

太陽系の衛星の中で、月は大きさの順では六番目にすぎないが、公転している惑星の大きさに対する割合では、最も大きい衛星である。

▼地球に対する月の相対サイズ

アポロ12号から見た地球と、地球から30,000マイル離れた星の様子。地球がいかに小さく感じられるかがわかる。

例えば、木星（最も大きい惑星）に、月と地球の割合と同じ大きさの衛星があったとすれば、その大きさは海王星ほどにもなる。このため、地球と月は、太陽系の中で唯一の双生児惑星系《ツイン・プラネット・システム》であると言われる。私たちはずっと月の片面しか見ていない。月が地球に片側だけを向け、天空の仲間である太陽に照らされながら、地軸を中心に回転しているからだ。月がどのような位相にあっても、同じ位置に同じ地形が見られるのは、このためである。

月が私たちに片側だけを見せながらも、地軸を中心に回転できている様子を考えてみよう。あなたが地球で、外側に伸ばした手の中にある十字の印を付けたボールが月であるとする。ボールにつけた十字の印がいつもあなたに見えるようにしながら、ゆっくりとボールを回転させてみよう。やがてボールは部屋を一周する。このように月は一ヶ月に一回、地球の周りを回っている。

第2章　月の起源

アポロが月の石を分析のために持ち帰って以来、多くの知識が得られるようになった今日でもなお、我らがパートナーの星がどのようにして、どこから生まれ、我々の回りを巡るようになったのか、確かなことは分かってはいない。

N
S
MARE FRIGORIS
PLATO
ARISTOTELES
ALPS
MARE IMBRIUM
OCEANUS PROCELLARUM
PYTHAGORAS
JURA
CAUCASE
SPITZBERG
ARCHIMEDES
Mts HARBINGER
APENNINE MOUNTAINS
KARPATES
COPERNICUS
ERATOSTHENES
MARE VAPORUM
SINUS AESTUUM
MARE SERENITATIS
POSIDONIUS
MARE TRANQUILLITATIS
HERCULES
ATLAS
GARTNER
DE LA RUE
ENDYMION
HUMBOLDT
Mts HERCYNIENS
MARE VERIS
MARE AUTUMNI
MARE AESTATIS
D'ALEMBERT
CORDILLERAS
Mts ROOK
GASSENDI
MARE HUMORUM
MARE NUBIUM
PTOLEMAEUS
ALPHONSUS
ALBATEGNIUS
ARZACHEL
PURBACH
WALTER
THEOPHILUS
MARE NECTARIS
FRACASTORIUS
PYRENEES
MAUROLYCUS
STOFLER
TYCHO
LONGOMONTANUS
MAGINUS
SCHICKARD
SCHILLER
PHOCYLIDES
CLAVIUS
JANSSEN
MUTUS
MANZINUS
BLANCANUS
MORETUS
CASATUS
NEWTON
BOGUSLAWSKY
LEIBNITZ
Mts DOERFEL
MARE HUMORUM
LUNA 17
LUNA 2
LUNA 13
LUNA 9
LUNA 5
SURVEYOR 1
SURVEYOR 2
SURVEYOR 3
SURVEYOR 5
SURVEYOR 6
SURVEYOR 7
APOLLO 11
APOLLO 12
APOLLO 14
APOLLO 15
APOLLO 16
APOLLO 17
RANGER 6
RANGER 7
RANGER 8
RANGER 9
Hipparchus
Plinius
Manilius
Hyginus
Triesnecker
Julius Caesar
Bessel
Le Monnier
Eudoxus
Cassini
Aristillus
Autolycus
Timocharis
Lambert
Euler
Pytheas
Diophantus
Delisle
Aristarchus
Herodotus
Schiaparelli
Seleucus
Kraft
Cardanus
Marius
Reiner
Kepler
Encke
Hortensius
Reinhold
Kunowsky
Galilaei
Cavalerius
Hevelius
Olbers
Hermann
Flamsteed
Damoiseau
Riccioli
Grimaldi
Fra Mauro
Bonpland
Parry
Guericke
Lubiniezky
Bullialdus
Kies
Hippalus
Campanus
Mercator
Vitello
Letronne
Billy
Mersenius
Pitatus
Hesiodus
Deslandres
Lexell
Heinsius
Wilhelm
Montanari
Clausius
Lagrange
Piazzi
Inghirami
Wargentin
Nasmyth
Bailly
Hausen
Rost
Weigel
Segner
Zucchius
Bettinus
Kircher
Klaproth
Gruemberger
Cysatus
Curtius
Simpelius
Schomberger
Helmholtz
Rabbi Levi
Zagut
Riccius
Piccolomini
Stiborius
Buch
Busching
Gemma Frisius
Goodacre
Pontanus
Werner
Aliacensis
Apianus
Playfair
Azophi
Abenezra
Almanach
Tacitus
Catharina
Cyrillus
Abulfeda
Beaumont
Isidorus
Capella
Gutenberg
Torricelli
Delambre
Sabine
Ritter
Godin
Agrippa
Gambart
Mosting
Reaumur
Lalande
Taylor
Zollner
Mouchez
Anaxagoras
Philolaus
Anaximander
Herschel
Babbage
Robinson
South
Harpalus
Bouguer
La Condamine
Maupertuis
Bianchini
Foucault
Sharp
Mairan
Helicon
Le Verrier
Pico
Egede
Calippus
Lichtenberg
Gruithuisen
Briggs
Harding
Lavoisier
Gerard
Repsold
Cleostratus
Markov
Epigenes
Birmingham
Fontenelle
W. Bond
Timaeus
Barrow
Meton
Archytas
Protagoras
Galle
Kane
Democritus
Euctemon
Baillaud
Schwarz
Strabo
Thales
Burg
Mason
Plana
Williams
Grove
Daniel
Hooke
Franklin
Cepheus
Oersted
Shuckburgh
Romer
Maraldi
Dawes
Vitruvius
Boscovich
Romer
Ross
Arago
Lubbock
Gaudibert
Capuanus
Cichus
Gauricus
Lepaute
Fourier
Doppelmayer
Wichmann
Euclides
Flamsteed
Sirsalis
Darwin
Byrgius
Eichstadt
Hainzel
Cichus
Lindenau
Rothmann
Licetus
Cuvier
Heraclitus
Baco
Barocius
Clairaut
Nicolai
Lockyer
Fabricius
Metius
Rheita
Steinheil
Watt
Vlacq
Hommel
Pitiscus
Nearch
Biela
Pontecoulant
Saussure
Orontius
Street
Pictet
Lilius
Jacobi
Gauss
Kinau
Pentland
Mutus
Moretus
Short
Malapert
Scott
Le Gentil
Drebbel
Hainzel
Epimenides
Schiller
Bayer
Noggerath
Phocylides
Wilson
Lacus Mortis
Lacus Somniorum
Palus Putredinis
Palus Nebularum
Palus Epidemiarum
Sinus Iridum
Sinus Roris
Sinus Medii
10° N
20° N
30° N
40° N
50° N
60° N
70° N
80° N
10° S
20° S
30° S
40° S
50° S
60° S
70° S
80° S
0

月の起源については、三つほど有力な説がある。

一　分裂説　この説は地球の形成の直後に月ができたと主張する。地球はそのころ驚異的に早く自転しており——二、三時間で自転——結果としてその表面の一部が飛び出した。自転があまりに早く、赤道近くの部分が飛び出して宇宙に打ち出され、それが軌道を定めて月になったという。

この魅力的な説は——そう、我々の一部があんなに遠いところにありながらも、いまだに絆を断っていない、というのは想像するにロマンティックだ——残念ながら事実ではなさそうだ。科学者によればこの考えでは月の軌道とは一致しないし、また月の岩石は化学的にも地球のそれとはあまりに相違が大きく、しかも地球のものより古いことを示してしまっている。

二　破片、または二重惑星説　宇宙を飛んでいた岩の破片から地球ができたのと同じころに、岩が集合・固体化して月ができたというもの。この説も、完全に棄却されたというわけではないが、月面探査以降、分が悪くなっている。軌道がこの説でも一致しないし、この説にしたがえば二つの物体の密度が同じでなければならないが、これも同じではない。

三　捕獲説　この説に従えば、月は太陽系内のどこかほかの場所で形成され、網にボールが落ちてくるように地球の重力に捕らえられたことになっている。これが現在有力視されている説である。しかし、ではそれはどこから来たのか。月の物質を分析した結果、月は元来、太陽にもっとも近い惑星である水星の軌道内で形成されたのではないかと思われている。またこの説は太陽からの惑星の距離の法則に従うなら、「失われた惑星」がひとつ存在する空間の余裕があるという事実とも一致する。

おそらく、月と水星はともに太陽の近くをほぼ円軌道で巡っていたのだろう。しかし二つの天体が非常に接近した影響で月が地球の近くにまで達する楕円軌道にのり、一方四倍の質量のある水星は現在の楕円軌道に落ち着いたという。

この説は荒唐無稽に見えるかもしれないが、衛星の形成は特異な現象ではない。我々の太陽系には四三の月がある。複数の月をもっている惑星もある。

また、月と地球は互いに影響を及ぼしあっている。月は地球の速度を遅めている。主に月によって引き起こされる潮汐による水の動きは、海との摩擦を起こし、五万年ごとに一秒の割りで地球の回転速度を遅くしている。つまり四十億年前には一日の長さは二四時間ではなく二二時間だったということになる。あと三万五〇〇〇年後には一日は二五時間になる——仕事中毒患者には、至福のときになるだろう！

地球の速度が遅くなっているばかりではなく、また結果として地球と月との距離も遠くなってきている。月は螺旋を描きつつ、地球から一年に三センチづつ遠くなっている。月はおそらく一二億年前には地球に再接近しており、約二万キロ（一万八〇〇〇マイル）の距離にあったであろう。それは当時、現在の二二倍も大きく、巨大な気球のように見えたはずである。

地球とは違って月は非常に小さな核しかもたない。これは月の岩石の調査から分かったことである。月の岩石の組成は既知の地上の岩石とは異なるものであった。

アポロが持ち帰った岩石は、月が地球と同じように四六億年の歴史をもっていることを示している。しかし、地球とは違って月はその表面を人間によって手を加えられてはいない。地球は生まれてから大きな変化をとげたが、月面の大部分は、初めの十億年ほどの間にできたままの状態を保っている。この間には、月は小惑星の激しい衝突にさらされたこともあったが。不断に変化し続ける環境に住む我々人間にとって、月が美しさだけでなく、時間が停止しているような感覚を与えるのはこのためなのだろう。月がほとんど変化しなかったのは、大気がほぼ存在しないことによる。事実、アポロ11号の排ガスだけでも、それまでに存在した大気よりも多くの気体を残すことになったのだった。

月には大気はないが、水蒸気のような斑点がその表面に現れることがあることが長らく観察されてきた。これは主に近地点と遠地点で起こる現象だ。おそらく、何かの振動によるものだと思われる。つまり、埃が月の地震で吹き上げられるのだ。

先に述べたように、一般的には我々は月の半分しか目にすることはないのだと信じている。しかし、厳密に言えば、これは正しくない。月が我々に向けているのは片面だけだが、それは東西にも南北にもわずかにぶれている。実際には、一定期間あれば、月面の五九パーセントが見えるのである。

月の明るさは、表面の部分の粗さや影の部分の増減のため、相によっても変わってくるが、月が反射する光は太陽から受けるものの十分の一以下である。満月のとき、つまり太陽、地球、月が一列に並ぶときには、第一週目の月のときよりも十倍明るい。

重力

地球と月を伴侶のように結び付けているものものは何か。この二天体は、地球－月系の質量の重心を中心にして回っている。ちょうど、こんなふうに考えていただきたい。体重が全く異なる人間二人がシーソーに乗っている。重い方の人は、重力、ないし質量の中心近くに座らねばならない。月が質量の中心から、地球より八一倍遠い位置にあるのだとしたら、それは八一分の一の質量でなければならない。

つまり、月は地球を中心に回っているわけではないのだ！　それぞれが質量の中心点をめぐって楕

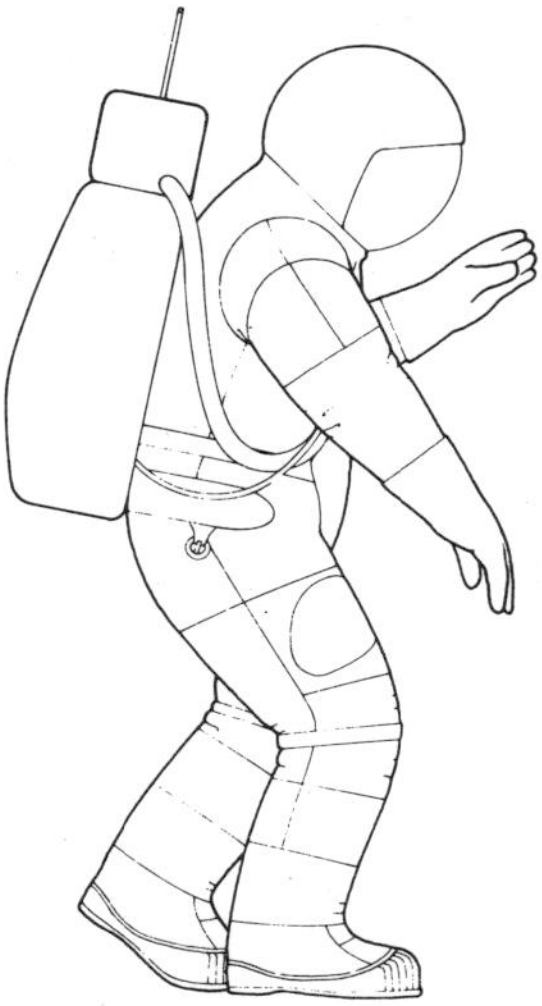

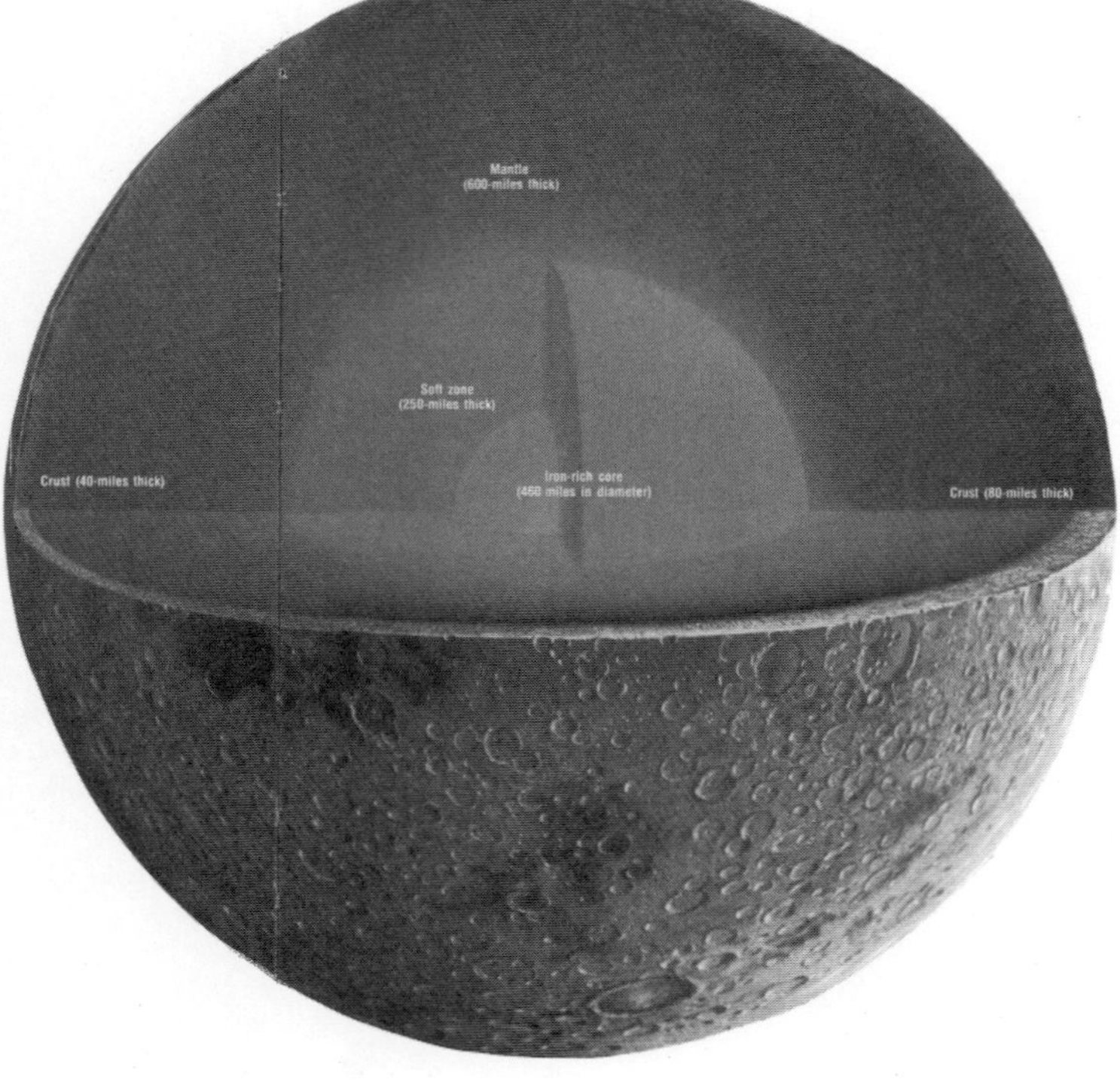

月の構造は有人着陸による探査によってより明確になった。今では月は、地球のものに比べて非常に小さな核を持っているらしいとされている。

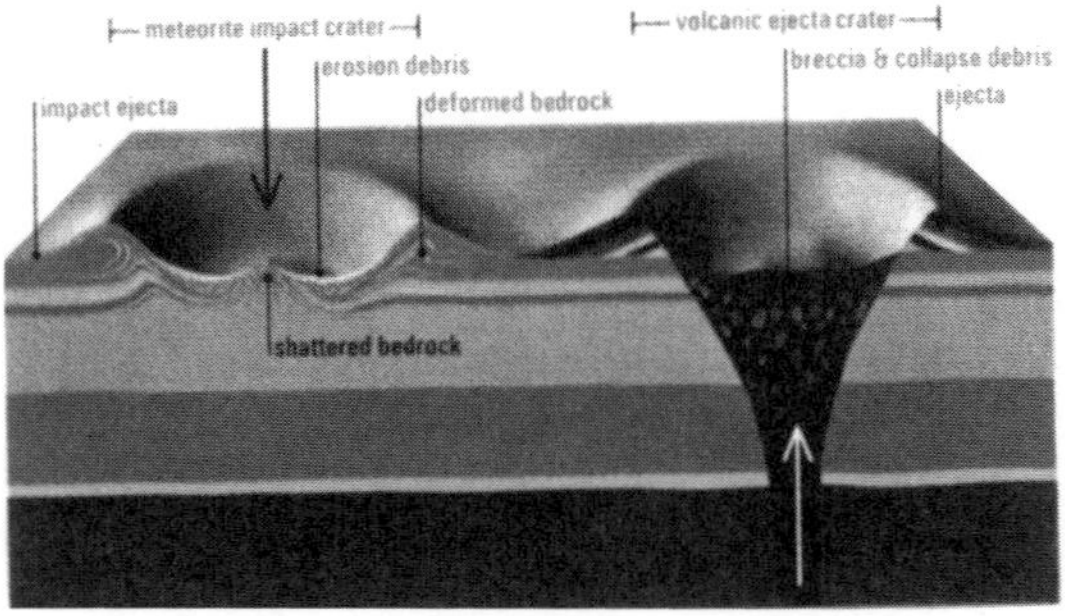

▲クレーターはおそらく隕石の衝突と火山活動によって生まれたのだろう。
▼月面の主な特徴的地形は、海、クレーター、断層、ドームである。
◀（次頁）月の西側にある最大のクレーターの一つ、エラトステネスは直径61キロに及ぶ中央の隆起がある。

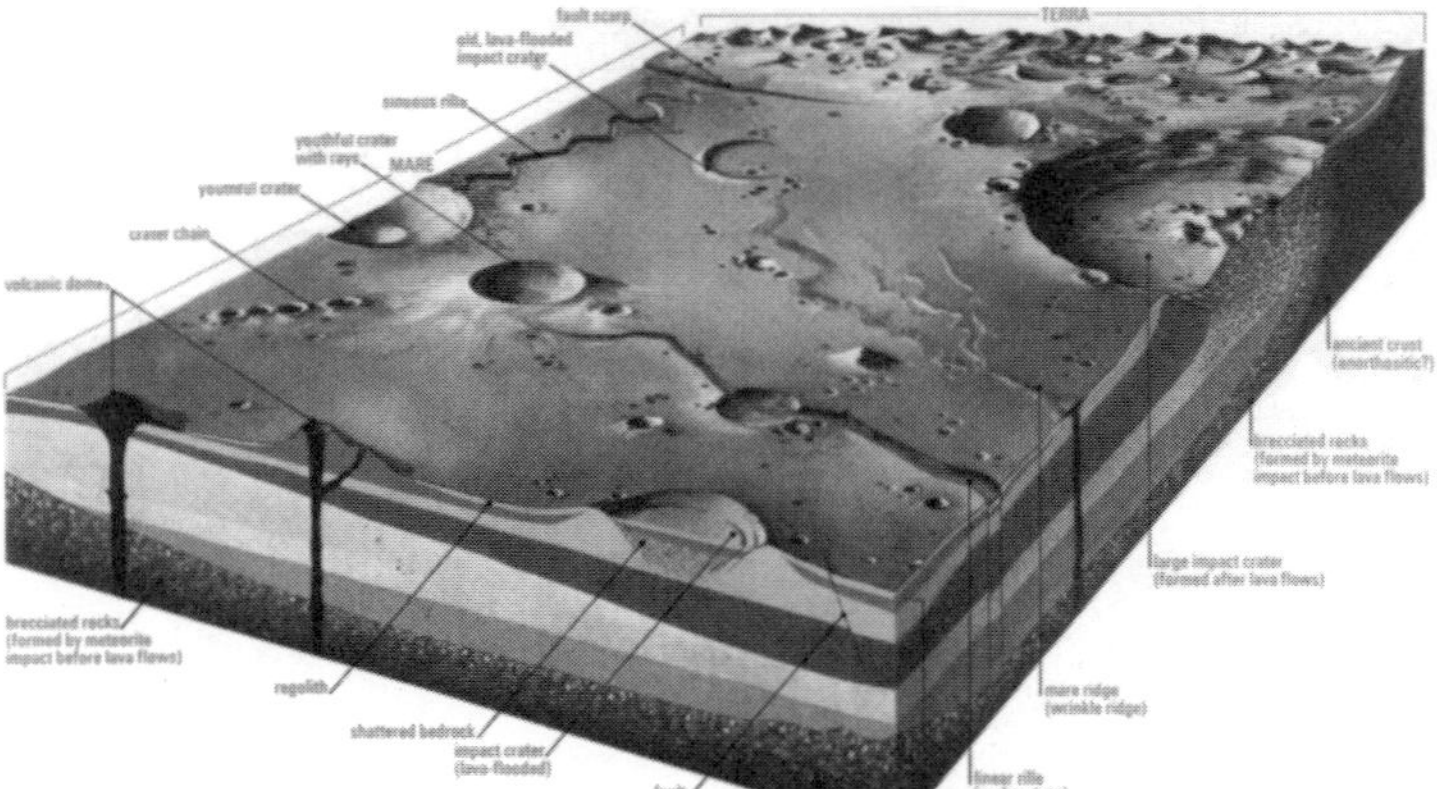

円を描いて巡っているのである。地球－月の質量の中心点は地球の中心から月の方向にむけて、約三・五マイル（四・六四五キロ）のところにある。

月は完全な球体ではない。地球の重力が月を引っ張っており、そのため主軸にそって地球方向にたまごのように膨らんでいる。これはまた月の回転にも影響を及ぼしている。

また月に旅行すれば体重が減ることになる。月は質量も大きさも小さいため、その表面では重力は地球の六分の一しか働かない。その結果月では物体は地球の六分の一の重さになってしまうのだ。

ということは、もしあなたが地上で三フィート飛び上がれるとすれば、月で同じようにジャンプすれば一八フィートと九インチ飛び上がれるということだ。火星では、七フィート一〇インチ、木星ではわずか一フィートと三・五インチ、太陽となると一・二五インチにまで距離は落ちる。

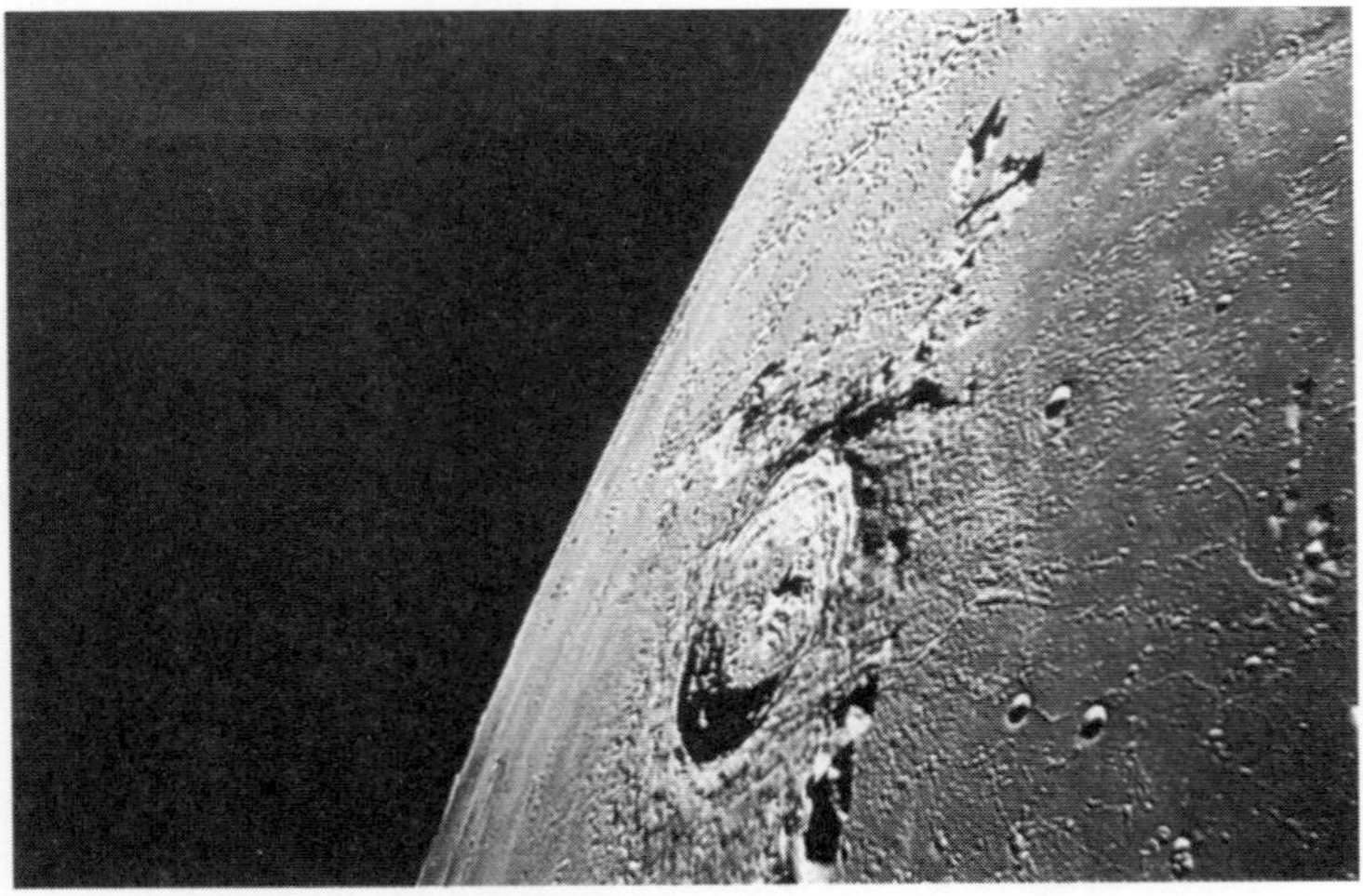

重量挙げの世界記録は五六四ポンドと四分の一だが、月面では同じ力で三三八五ポンド半を持ち上げることになる。これは小型車二台分にあたる。しかし、生命維持装置を身につけている宇宙飛行士は地上と同じ質量を抱えているのであり、たとえば、止まろうとするには地上と同じ力が必要になる。ちょうどそれは、一種無重力の浮遊感覚のある、水中にいるのと同じようなものだ。これが宇宙飛行士がぎこちなく、ゆっくりとした動きになる理由である。

フェイズ（位相）

月は名うての泥棒、その青白き火は太陽から、かすめとったもの。(141)

月はそれ自身で光を生み出しているのではない。我々が目にしている光はすべて、太陽からの光を反射したものだ。月の半面はいつも太陽光に照らされているが、地球から見ることのできる明るい面の量は日に日に変化する。ある新月から次の新月までは、二九日一二時間四九分三秒かかる。満ちて行く月は上弦と呼ばれ、しだいに欠けて行く月は下弦の月という。この月の相を分類する方法は、さまざまだが、一般的には二つ、四つ、あるいは八つに分類されている。

二相分類

上弦　増加、新月、光

下弦　減退、古月《オールド》、暗い月

四相分類（占星学上の）

会合からあとの零度から九〇度（零度は新月）

九〇—一八〇度

一八〇—二七〇度

二七〇—三六〇度

あるいは

第一週の月（ファースト・クォーター）ニュー・ムーン

第二週の月（セカンド・クォーター）ファースト・クォーター

第三週の月（サード・クォーター）フル・ムーン

第四週の月（フォース・クォーター）ラスト・クォーター

八相分類

ニュー・ムーン　　ニュー・ムーン

クレセント　上弦のクレセント・ムーン
ファースト・クォーター　ハーフ・ムーン、ファースト・クォーター
ギバウス　上弦のギバウス・ムーン
フル・ムーン　フル・ムーン
ディセミネイティング　下弦のギバウス・ムーン
ラスト・クォーター　ハーフ・ムーン、ラスト・クォーター
バルサミック　下弦のクレセント・ムーン

月の形の見かけ上の変化は、月の地球に対する位置関係の変化、そして、一定の方角からくる太陽光に対する両者の位置から生じる。月が地球と太陽とほぼ同じ方向にあるときには、月の反対側が太陽に照らされており、日の入りの直後に非常に細い三日月が見えるのである（新月）。一週間後、月は地球の周囲を四分の一週し、太陽は隠れている半球の半分と地球に向けている面の半分を照らすことになる。

第一週の月は太陽と月が会合するとき、あるいは地球から見て同じ位置にくるときに始まる。最初は、月は太陽に伴って昇るために見ることはできない。しかし第一週の月の終わり近くには日の入りの直後に、太陽を追うように、消えるような銀の光を西の地平線上に見ることができる。

第二週の月は、新月から満月までの期間を二分する時にあたる。月の右側が空に見える（もし地球

の南半球から見れば左側が見える)。第二週の月の初めには、月は正午のころに昇り、真夜中に沈むまで暗い光を放つ。このとき、太陽と月は直角になる(お互いに九〇度の角度)。

さらに一週間たつと、第三週目は満月のときから始まる。月は太陽とほぼ反対の位置に来てここで完全に照らされる。月は日の入りのときに東の空から現れ、日の出とともに沈むまでの間、見ることができる。月は、夜ごと、少しずつ遅く昇るようになってゆく。

第四週の月は、満月と新月の中間にやってくる。太陽と月は再び直角になる。月は、このとき真夜中ごろに昇り、日の出までの間、東に見ることができる。月の明るい面は半分にまで欠けている。あと一週間たてば、一月のサイクルが完了し、また新たに始まることになるだろう。

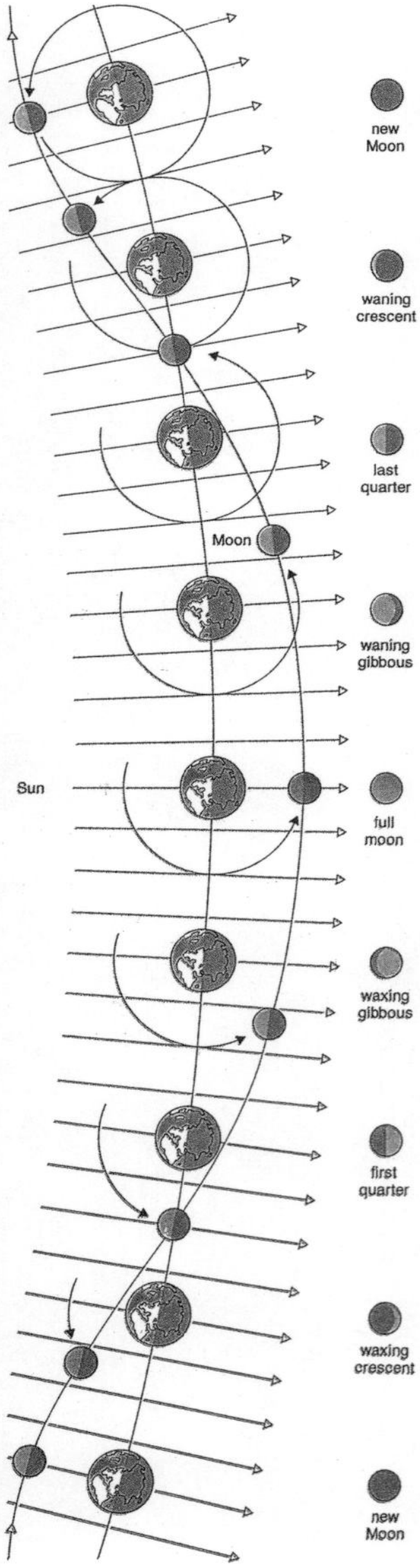

月の周期。太陽、月、地球はその周期のなかで相対的な位置を変えて行く。

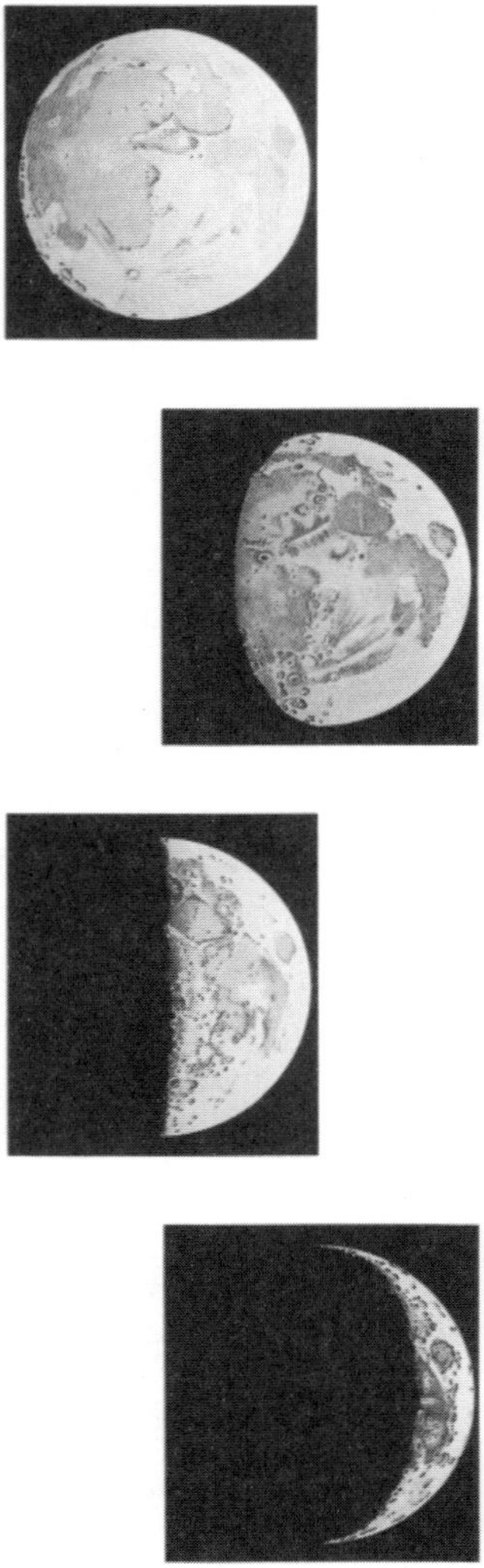

月の照らされている部分と照らされていない部分を隔てる「線」は月の明暗界線と呼ばれている。月の表面の凹凸を別にすれば、円が投影されたかたちになるので、これは楕円形になる。新月、満月のときにはそれは月の縁にそった完全な円をなすようになる。

月は、円形、東に角を向けた満ちて行く形、西に角を向けた欠け行く月など、さまざまな「相貌」を見せるため、「三重形《トライフォーム》」と呼ばれている。月は、――太陽や星と同じように――東から昇って現れ、西に沈む。ただし、北極に対する真の動きは西から東に向かっているのだが。これは地球が西から東へと自転しているためである。

月の出は、その軌道上の運行のために毎日五〇分づつ遅くなってゆく。

サイクル

月の規則的な満ち欠けは、我々にはなじみ深いものだ。しかし、月にはほかにも秘められたサイクルがある。
紀元前五世紀、アテネのメトンなる人物が月の相《フェイズ》は一九年、あるいは二三五回の月の満ち欠け《ルネーション》で繰り返すと計算した。これは、メトン周期、あるいは月の周期、小周期とも呼ばれている。この周期は非常に重要なものだとされてきた。古代アテネの公の記念碑には一九年周期でおこる満月の日付が黄金の文字で彫り付けられていた。それぞれの年は、メトン周期のなかの位置にしたがって、「黄金数」があった。

しかし、メトンは完全に正しいわけではなかった。ギリシャの占星術師カリパスが、紀元前四世紀に彼の業績を一歩進めた。彼は、より正確な周期は七六年、しかもより精度を記すためにはその最後に一日を引くことを提唱した。こうすれば、新月と満月が同じ日付、時間で繰り返すことになると彼は言う。しかし、これですら、完全に正確というわけではなかった。五五三年毎にまる一日が失われて行くのだ！　メトン周期は、今では一八・六一年と計算と修正されて現在でも用いられている。これはたいていの計算には間に合う程度に正確なものだ。これによれば、月は南北の極限点で昇降を始め、次いでこれらの極限点から昇降点は内側に九・三年の間動き、次の九・三年では外側に向かって動く。月が九・三年ごとに到達する極限点はそれぞれ、大静止点、小静止点（Standstill）と呼ばれている。これら静止点に近い数日間の間には、月の「ふらつき」（秤動）と呼ばれるわずかな運動がおこる。

一八・六一年の月の周期の間に一度、月は地球から見て最も高い位置にくる。一年にわたって、月

	新　月	上　弦	満　月	下　弦
位相	●	◐	○	◑
天における位置	太陽の近く	太陽から90°	太陽と反対側(衝)	太陽から90°
月の出	日の出	正午	日の入り	真夜中
月の入り	日の入り	真夜中	日の出	正午
見える時間	見えず	夕方から夜	夜間	真夜中から早朝まで

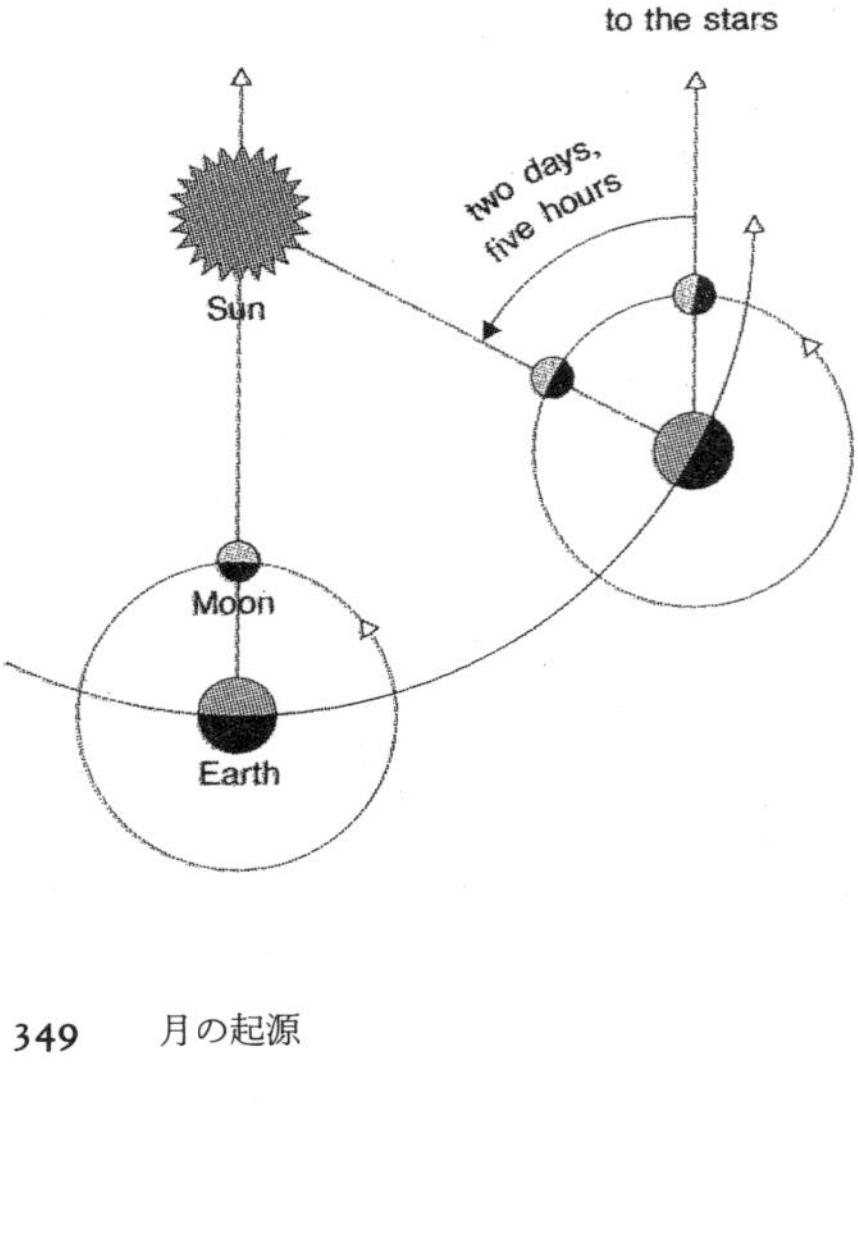

◀月の周期を測定するには様々な方法がある。恒星月は、シノディック月に比べて約二日短い。

は毎月ほぼ、この高さにまで昇るのである。この時期は月のメジャー・スタンドスティルと呼ばれている。このメジャー・スタンドスティルの期間には、毎月のピークの二週間後には月は逆に空の非常に低い位置に昇ることになる。つまり、もし北緯の地域から月を見るなら、月が軌跡の高い位置にあるときには、月は沈まないように見え、また低いときには水平線のわずか上のところを移動するように見えるということだ。

マイナー・スタンドスティルは一八・六一年の周期のなかでは、メジャー・スタンドスティルの九年後にやってくる。このとき、月が昇る位置は何ヵ月かの間、最も低いところまでになる。月の動きは、たしかに複雑だ。問題の複雑さは、かの権威もおすみつきを与えている。「頭痛を起こさせるのはこの問題だけだ！」と言ったのはニュートンであった。

潮汐

モスクワは潮汐によって、一日に二度、二〇インチも上がったり下がったりしている。見た目にも、地球の大洋に変化を引き起こすこの神秘な流れは、ほかにも多くの物体に影響を及ぼしている。これは我々の友人、月による直接の影響である。

月はまるで地上の水を自分のほうに引きつける、磁力のようにふるまう。モスクワが上下しているという驚異の現象も、月がまるで巨大なスポンジでもあるかのように水を吸収したり、解き放ったりしていることによって起こっているのだ。

一般的に潮の満ち引きは一日に、低潮と高潮を二度づつ、平均一二時間二五分の間で繰り返す。潮の完全な周期は二四時間と五〇分である。これは地球が月にすべての面を向けるのに要する時間だ。

何が地上の水に満ち引きを引き起こすのだろうか。月は重力によって地球と水を両方引っ張る。しかし、固体である地球はその質量がすべて中心に集中しているかのように、全体として月に引き付けられる。しかし、水の場合にはそうではない。水は自在に動くものだ。したがって地球と水に対する月の重力の差が潮汐を引き起こすのである。潮汐は地球の、それぞれ反対側にできる海の「ふくらみ」によって起こる。月に近い水は、地球自体よりも多く月に引き付けられ、その結果、今度は月から遠い側の地球の反対側にも水を集めるのである。このふくらみは、月に「真っすぐ」にはなっておらず、摩擦によってやや後ろに遅れている。これが、前に述べたように、じわじわと地球の速度を遅くしているのだ。

地中海地方のように潮汐がない地域もあれば、また複雑なパターンの潮汐を見せる場所もある。これは地球がのっぺりとしたボールではなく、大陸棚や海盆等で覆われており、これらがそれぞれ特定の効果をもっているためである。

太陽の引力も潮汐に影響はするが、しかし月に比べるとごくわずかなものだ。新月と満月のときには太陽と月の潮汐力が合わさり、高潮はより高く、低潮はより低くなる。大潮は太陽と月が一列に並ぶときに起こり、最も低い、小潮は太陽と月が直角になって引っ張るときにおきる。

月が地球に潮汐を毎日起こすには一五億馬力が必要である。月はまた、海と同じように地球の大気

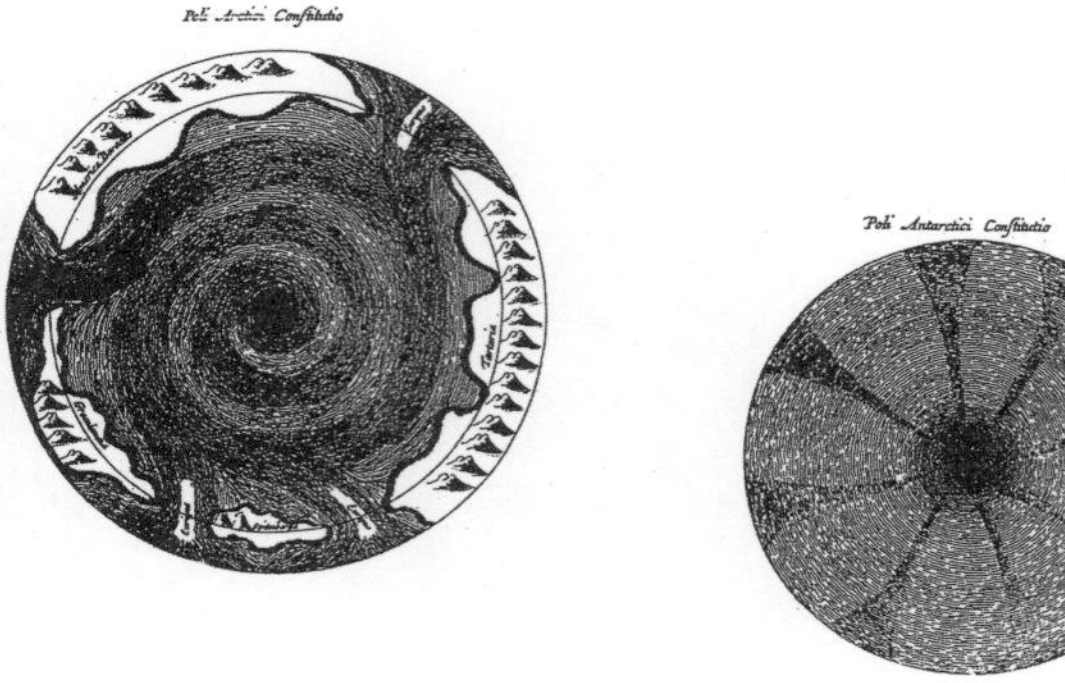

17世紀に広まった説では海は南極でわき出て、北に大変な流れを引き起こすと言われて来た。

にも潮汐を引き起こす。大気は水と同じように満ちたり引いたりする。そしてはるか上空の空気は常に地上への気圧を変化させているのだ。地上のある場所では、海の場合と同じようにこれに、より大きな影響を受ける。

月が地球に潮汐を起こすように、地球もまた固い月の体に潮汐を引き起こす。この潮汐力は月を変形させた。月は地球に向けて三〇〇〇フィートほど膨らんでいる。この膨らみは、月のほかの部分よりも地球に近いので、より強く引き付けられ、その結果地球の方をずっと向くようになっている。

月の「潮汐」は月の回転の速度を長きにわたって遅めてきて、ついには地球の周囲の公転の速度と足並みをそろえるようになった。これが、わずかなぶれをのぞいては、月が同じ面を地球に向け続けている理由である。この潮汐力はまた、月がしだいに加速していることを意味している。

月には隕石の衝突を別にしても、年に何千もの小さな地震が起こっている。地震の多くは地球の潮汐力の変化によって引き起こされる（これはもちろん、月によって起こる――鶏が先か、卵が先か）。この引力は月が地球に最も近づく地点にきたときに最大になる。月が地球の大洋を引き付けているのだとすれば、もっと少量の水についてはどうだろうか。非常に高感度の機器を使った実験では、紅茶カップ一杯の水にも月は潮汐を引き起こすことが証明されている。(143)

蝕

「闇が地上を覆い、とくにまばゆい星々が輝いた。太陽の円盤を見ることもできたし、ぼんやりとして暗く、弱々しい光がその円盤の縁を取り囲む帯のように燃えていた。しだいに太陽は月を横切っていって（月が太陽の前にあって邪魔していたのであるから）再び自身の光線を放ちはじめ、地上に光が戻った」。これは、紀元九六八年、レオ・ディアコナスが記録した皆既日食である。

蝕は歴史を通じて、神々の不興のしるし、あるいは大災害の兆として恐れられてきた。また、その一方で蝕を利用してきた人々もいる。たとえば、古代エジプトの天文学者はサロスと名付けられた一八年一一日の周期を利用して蝕を予言することもできた。この秘密を保持した司祭たちは、天を支配しているかのように見せかけることができたのだった。

蝕には、日食と月食の二種類がある。日食は月が太陽と地球の間を通過し、我々の視界から太陽を隠してしまうときに起こる。もし地球が月の外影の部分を通過すれば部分食となるし内側の核となる影が地球の表面を横切れば皆既日食となる。（三五四～五頁の図参照）

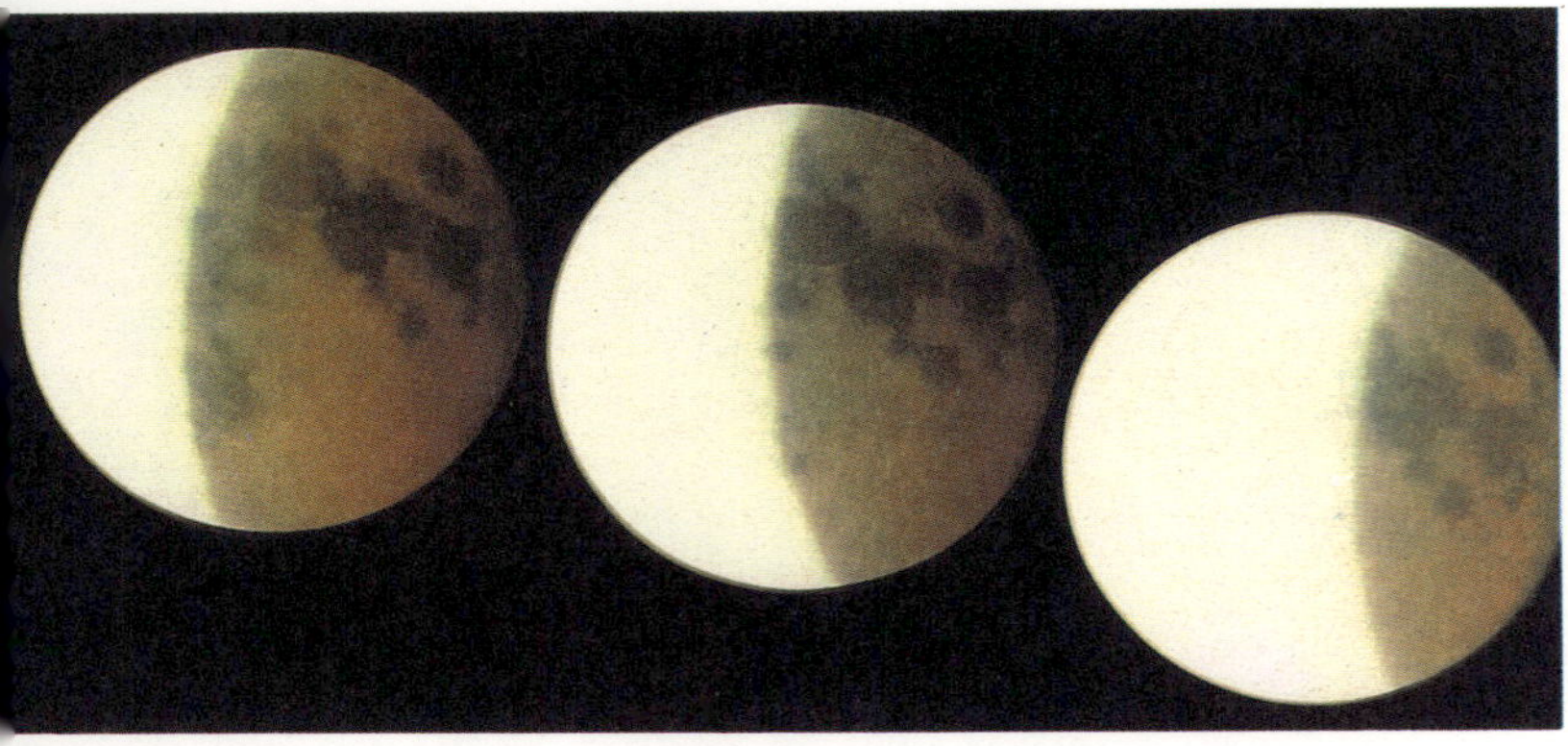

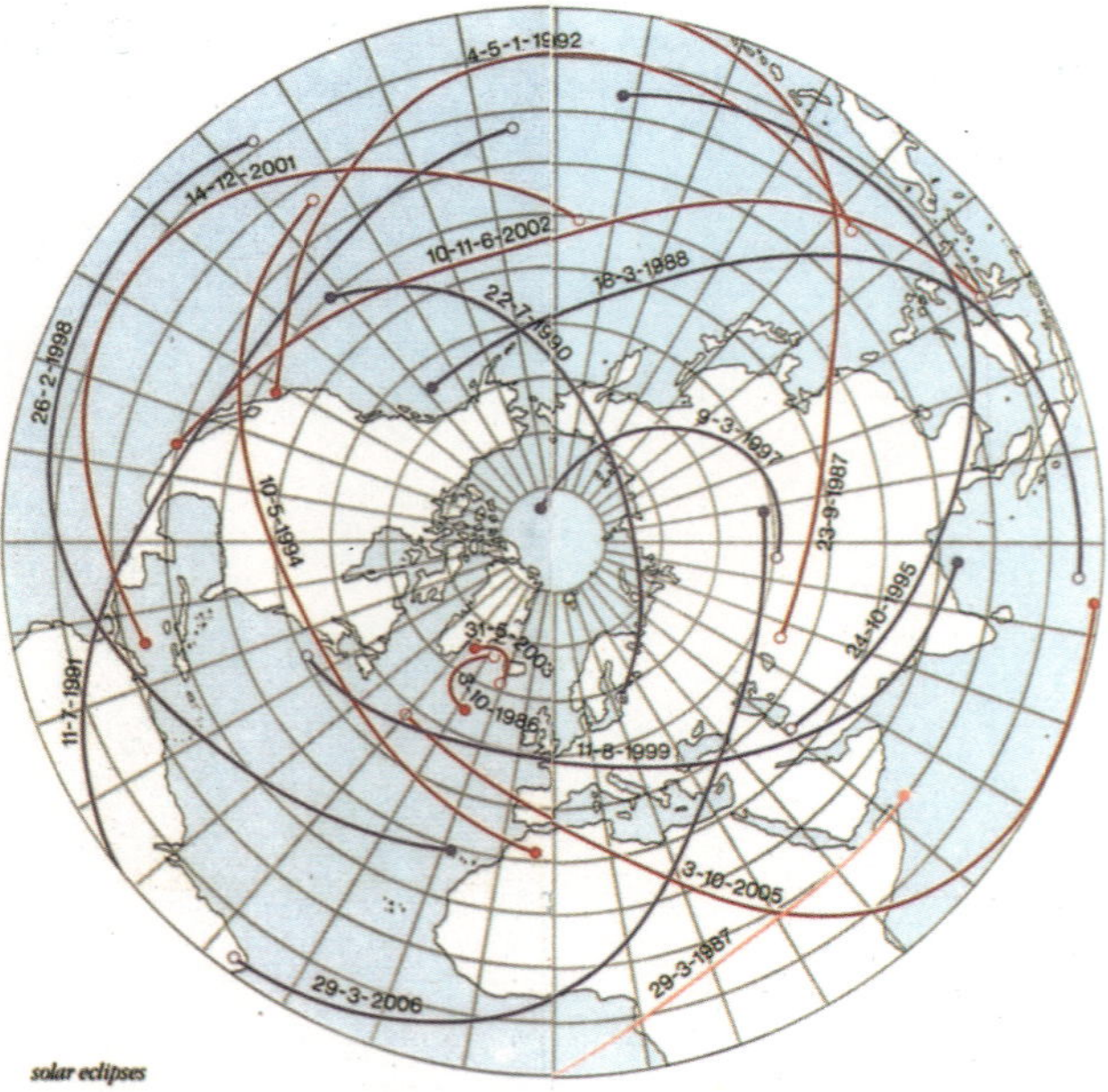
4-5-1-1992
14-12-2001
10-11-6-2002
18-3-1988
22-7-1990
26-2-1998
9-3-1997
23-9-1987
10-5-1994
24-10-1995
31-5-2003
3-10-1986
11-7-1991
11-8-1999
3-10-2005
29-3-1987
29-3-2006
solar eclipses
○ beginning ● end — total eclipses — annular eclipses — total-annular eclipses

▶蝕の経路。線は二〇〇六年までの北半球での皆既・金環日食の中心点を示している。
▲フランスで観測された、一九七八年九月の皆既月食の各段階。月がしだいに地球の影から出てくる。

また、金環食として知られるものもある。これは、月が太陽の面すべてを覆いきれず、そのために月の暗い円盤の周囲に太陽光のリングができるときに起こる。月が隠すことのできる太陽の領域には増減がある。月の軌道が楕円であるためで、地球から見た月の大きさは変動するのだ。金環食は月が太陽を完全に隠すには、わずかに遠すぎる時に起こる。このような蝕は皆既日食と同様の頻度で起こる。たいていの年には、このどちらかの蝕が地上のどこかで起こる。

月食の場合には地球が月と太陽の間に入って、地球の影が月に届く。これは皆既食であったり部分食であったりする。

太陽と月の大きさは非常に違うにもかかわらず、それぞれの天体の地球からの相対的な距離のために、両天体の皆既食が起こり得るというのは、興味深い一致である（なかには偶然ではないというものもいる）。太陽は月よりわずかに大きく見えるものの、実質的にはほぼこの両者は同じ大きさに見える。実際には太陽は月よりも四〇〇倍も大きいのだが、地球から平均的にいって三九〇倍ほど遠いために、月よりほんの少しだけ、大きく見えるのである。

もし月が地球の回りを回る軌道面が太陽の回りを回る軌道面と完全に一致していれば、毎月二つの食があることになる。つまり、新月のときには日食が、満月のときには月食。実際にはそうならない理由は、——蝕がずっと少ない理由は——この二つの遊星の軌道が完全には一致していないためである。地球のある一点をとれば、三〇〇年間に一度以上の皆既日食が見られることはまずない。もし一〇〇〇年にわたって同じ場所に止まっていればその間には三回の皆既日食と金環食を目にすることができるだろう。しかし、皆既月食は地上の約半分の地域で同時に観測できるために、ほとんどの人は一生のうちに何度か見ることができる。

月による太陽の蝕は、太陽が遠地点（地球から最も遠くにあるとき）にあり、かつ月が近地点（地球に最も近い）にある七月に、赤道で観測するのであれば約七分五八秒ほど続く。しかし、ふつうはもっと短い。

月食のときには月はふだんの銀色、ないしは深い金色とは違って、銅のような赤色に見える。

月食は一年に三度以上はないが、しかし四回の日食と三回の月食、五回の日食と二回の月食といった具合に、年七回の蝕があることはある。

時間

天を一月の間に旅する月の航路を、人間はずっと海図に記して来た。月は最も古い時計だとも言えるし、現在でも我々の多くは新月・満月の到来を意識している。では、月によって測られる暦の一ヵ月（ルナー・マンス）はどれくらいの長さなのであろうか。一見非常に単純に見えるこの問いに対する答えは、しかし、複雑なものである。

地球の周囲を回る月の航路を測るには、いくつかの異なったやり方がある。月は地球の周囲を二七・三二日で公転する。それはまず、恒星月と呼ばれるひとつの尺度に従っている。さらに、さまざまな月による時間の尺度を見て行こう。それらは、太陽、恒星、地球の赤道、地球の軌道を背景にして定められる。

恒星月（サイドリアル・マンス）二七日七時間四三分一一・五秒
朔望月（シノディック・マンス）二九日一二時間四四分三秒
分点月（トロピカル・マンス）二七日七時間四三分五秒
近点月（アノマリスティック・マンス）二七日一三時間一八分三三・二秒

一　恒星月　これは恒星を座標点として計算するものである。それは、月が地球の周囲を公転する真の時間となる。しかし一恒星月の間に太陽は天球を約二七度東へと移動するので、月はこの距離に追いつくのに二日以上かかることになる。そのため、月が一日に約一二度の速度で太陽においつき、新月から新月へ、満月から満月へと戻るのに必要な総時間は、二九日半となる。これを、朔望月と呼んでいる。

二　朔望月　これは月の位相によるものである。一年は、一二恒星月以上ある。多くの異なる定義のなかで、これが最も自然な「月」である（もともとマンスは月《ムーン》を意味する）。朔望月はまた、ルネーションとしても知られている。

月の規則的な天での運行は、最も早い段階での時を測定する基準として用いられたことを意味している。『ベリー公時禱書』写本より。

三　分点月　この尺度は公転する月が地球の赤道面を横切ってから次に同じ方向で再び横切る間での時間である。これは国際天文学連合によって用いられているものである。一方分点年とは太陽が分点の日［春分・秋分］を定める点に正確に回帰する時間のことである。

四　近日月　近日点から近日点までの期間。近日点とは、月が最も地球に近いときのこと。

これらの異なる定義が、さほど混乱を招くものとは言えないように見えても、それぞれの種類の月に当てられた時間の数字は実は平均値にすぎない。惑星と衛星の運動は等速ではないからだ。地球のまわりを回る月、太陽のまわりを巡る地球／月系の運動は一定ではなく、時間を告げるという課題全体を難しいものにしているのだ。これでもまだ複雑ではないというなら、さらに別のシステムもあることを言わねばならない。月が黄道（太陽が一年に動くみかけの通り道）を、北半球、南半球へと横切って行く点のことを、昇交点、交降点と呼んでいる。ひとつの交点を横切る期間は、ドラコニック・マンスといい、二七・二一二日である。これは、蝕は龍が太陽や月を飲み込んで起こるのだという、古い信仰にちなんでつけられている。［訳注：蝕は太陽と月のみかけの通り道の交点付近で新月・満月のときに起こる。占星術では、北半球に月が入ってゆく昇交点をドラゴンヘッド、南に入ってゆく点をドラゴンテイルと呼んでいる］。

つまりどのシステムを用いるかによって、時間は変わって行くのだ！　月の相によるもの（朔望月）と天のある一点に月が回帰する時間によって測定される一ヵ月では、一月に二日以上の差が生じてしまう。あるいは、別の見方をすれば、月が地球の周囲を恒星を背景にして一公転する間に、地球／月系は太陽にたいして、その軌道の七・五パーセントを移動する。そのため満月から次の満月へ、新月から次の新月（シュジュギィと呼ばれる）までの時間は恒星月よりも長くなり、地球／太陽の動きが参照座標として用いられるのだ。

このような複雑さにもかかわらず、地球・月・太陽の運行の観測が人類に最初の時間測定の方法となった。完全に理解されているとは言えずとも、数千年前ですら日、月、年という基本単位の長さは正確に知られていた。月は、とくに一日と一年の間を測る時間尺度として用いられてきた。月の満ち欠けは時間を計る方法として長く用いられるようになったのだ。そしてそれは、ほかの星々の運行の自然な相よりもずっと正確なものとなった。

一太陰月はふつう、夕暮れの西の空に満ちてゆく新月の最初のしるしが見られたときから数えられる。これはこれでよいのだが、もし年も数えようとすると、問題が生じてくる。一二太陰月は三五四・四日であり、太陽によって測定される年に一一日ほど足りないのだ。したがって太陽暦と太陰暦は一致しない。

が両者を一致させようという試みもなされている。バビロニア人は、彼らの暦の上で、二、三年に一度、太陰月を加えた。

ギリシャ人、ローマ人、イスラム教徒たちは、一年に、二九日と三〇日の一二太陰月を組み込むことによって修正を行った。やがて、ジュリアス・シーザー（紀元前四三年頃）が月の満ち欠けとは別な、暦上の一二ヵ月で一年を分割するという近代的な方法をもたらした。こうして、新月は月の一日とは限らず、一ヵ月のうちのどの日にでも起こるようになった。

文化によって、また年によって一年の日数は異なる。三六五日、あるいは三六六日の一年は太陽年に基づくものだが、イスラム年は一二回の月の周期によっている。月の周期は約二九日半であり、一年の総日数は三五四日、あるいは三五五日となる。古代バビロニアの暦は月に基づくものであった——一月は日没後に三日月が初めて現れる時に始まったのだ。このため、今日の我々には奇妙に見えるのだが、バビロニアの一日は公式には夜に始まるのだった。また、バビロニア人は月食に基づいて六ヵ月の暦も用いたことがある。

ユダヤ暦もまた太陰暦である。はるかサウル王の時代に戻れば、古代では毎月新月の時に祝祭が行われていた。エルサレムがヘブライ世界の首都になる前までは、新月の銀の光が確かな人物によって目撃されるとすぐ、使者が新しい一ヵ月の始まりを告げるべく遣わされたのだった。また満月も非常に重要なものだとされていた。過ぎ越しの祭は春分の日、またはその直後の満月の日、とされた。しかし、今では、太陽の周期とほぼ一致させるために、ある年は一二ヵ月（三五三、三五四、三五五日）、またある年は一三ヵ月（三八三、三八四、あるいは三八五日）となっている。

古代エジプト人は時間をナイルの変化、太陽、恒星によって数えていたが、規則的に祭を行うために太陰暦も用いていた。彼らは三〇九回の月の満ち欠けが常暦での二五年とほぼ等しいことを発見していた。

中央アメリカの古代マヤ人は車輪のようなものすら発明していなかったにもかかわらず、聖なる日付を定めるために、驚くほど精緻な数学体系を発達させていた。月はそのための重要なファクターであり、彼らが到達した結果は驚異的なまでに正確なものであった。例えば、太陰月の計算は四〇五回の満月、あるいは三二年以上にわたる観測を必要とする。マヤ人は一万一九六〇日の期間に四〇五回の満月が起こると計算していた。現代の天文学者はこの数値を一万一九五九・八八としているが、ということはマヤ人には二九二年に一日、一年に五分だけの誤差があったにすぎないのだ!

太陰月はほぼ二八日であるためにこの期間が歴史のなかで計算に便利なものとされてきた。これは

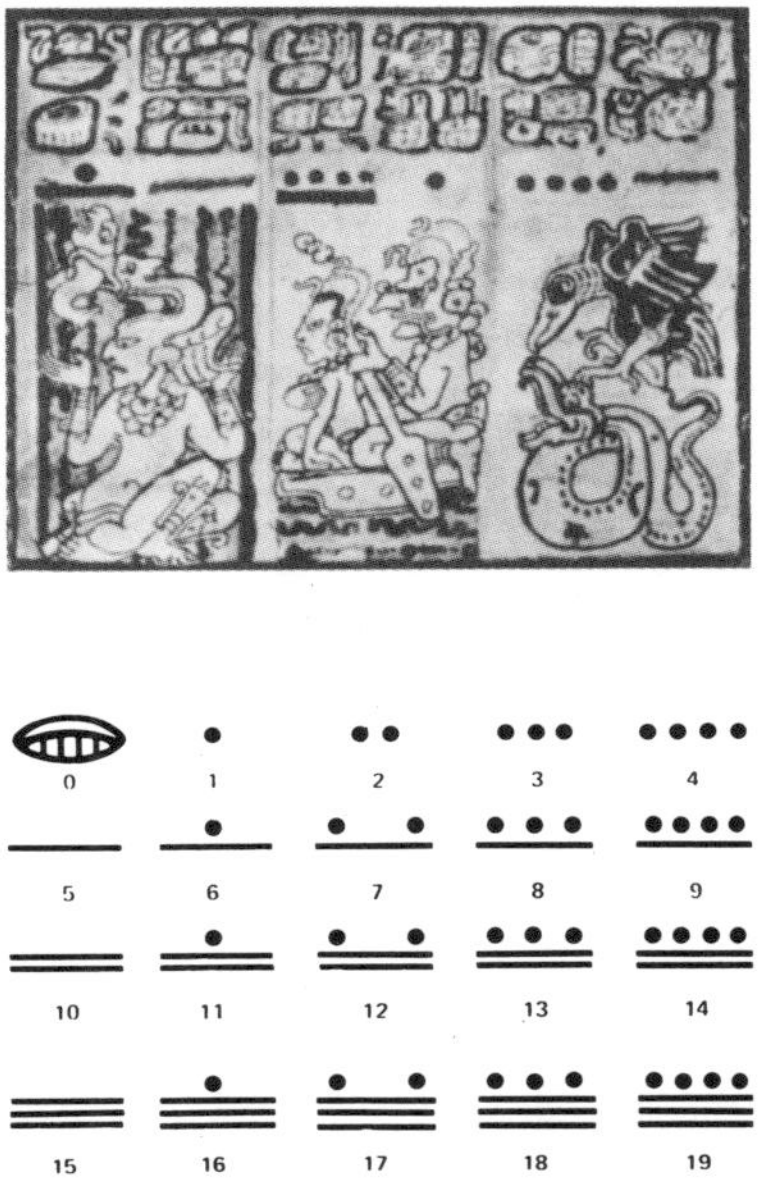

古代のマヤ人たちは、その数学体系を用いて驚くほど正確に月の周期を計算していた。かれらはまた宗教祭儀のために精確な暦を算出していた。

とりわけ、遊牧民に当てはまった。彼らは涼しい夜の間に旅をしたので、その旅の間、月に頼ることになった。キリスト教世界はしだいにシーザーの方法をとるようになっていったが、しかし、通常の暦法のなかに月は忍び込んでいる。キリスト教暦のハイライトであるイースターは、春分である三月二一日の直後の満月の、直後の日曜に祝われる。つまり、イースターは三月二三日から四月二五日の間の、どの日にもあたる可能性をもっている。

七日からなる一週間は、二八日からなる一太陰月を分割したものであり、古い月を使った時間の測定法の名残である。そして、七という数字自体にももちろんあらゆる重要な秘教的意味があった。

時間は相対的である。時間は、測定法による。もし我々が月に住んでいるとすれば、月の一日（月の自転による）が、一月と実質的には等しくなるだろう。月の自転は、地球のそれにくらべて非常に遅いからである。

月面

肉眼で見ても、月の表面が平らではないことは見て取れる。黒い斑点が像を作り上げているし、それがさまざまな神話や伝説の源となってきたのだ。これらの領域はマリア――あるいは海と呼ばれている。これは、ガリレオがその望遠鏡を初めて月に向けたときに呼んだ名前にちなんでいる。そこには水はないのだが、その名前は今に残っている。

月面のもう一つの大きな特徴はクレーターである。クレーターは月面に散らばっており、その大きさもコインより小さいものから直径一五〇マイル（二〇〇キロ）以上のものまでさまざまだ。クレーターは、さまざまな推測の対象であった。それらはどこから生まれたのか。クレーターは今でも形成されつづけているのか。アポロによる探査がなされて、不毛な月面について多くを知り得るようになったのは、ごく最近のことなのだ。月の海の多くの部分は、我々に向いている面の、北半分に存在する。海は月面のほかの部分と比べて二・五マイル（三キロ）ほど低くなっており、そのためにより暗く見える。海はまた、月の低地とも呼ばれ、それらを囲む領域は高地と呼ばれている。海は互いにつながっており、明るい、クレーターの散在するほかの部分よりも滑らかな表面になっている。今では、海は月の外殻とクレーターのいくつかが形成された直後に、溶岩流によってできたことが分かっている。

クレーター（ギリシャ語の「カップ」あるいは「ボウル」を表す語に由来する）は月面に増殖している。その最大のものはコネチカット州とほぼ同じ大きさである。それぞれのサイズは非常に大きく異なっているが共通している特徴もある。普通クレーターは円形で、小さな縁があり、その底は縁の周囲の月面よりも低い。さらに、クレーターの周囲の土地は爆発で痛んだ形跡がある。

クレーターは、どのようにできたのだろうか。それに関しては二つの理論がある。一つは衝撃説で、宇宙から飛来した物体がぶつかり、クレーターを形成したと主張する。また、火山説は、火山の噴火の結果だと言う。後者の説は一九世紀には広く支持されていた。が、この説が正しいとすれば、月は溶岩を生み出すに足る内部の熱を持っていなければならないが、現在では、月はそれだけの熱をもっていないことが分かっている。

従って今では衝撃説が受け入れられている。クレーターの周囲から放射されている放射線は火山の噴火とは別種の衝撃を示している。太陽の周囲に軌道を持つ小さな破片があるとき、月に近づいてその重力にとらえられたのだ。最近では大きなクレーターが形成されていないという事実は科学者にとって、月の年齢を探るヒントになっている。

月面は一体、どのように見え、どのような感じがするのだろうか。それは、驚くほど滑りやすいものだ！ アポロ探査によって持ち帰られた月の土壌のサンプルのすべては、小さく丸いガラスの破片を高い比率で含んでおり、そのために月面は滑りやすくなっているのだ。

これらのサンプル――これまでに収集されたなかでは間違いなく最も高価な標本――は月面に関して、多くの新しい情報を与えた。表層は、細かな粒子（月土）とやや大きな岩の破片からなっていて、ちょうど岩の破片の粘りのある土壌のように、通気がよい。

岩には主に三種類ある。マグネシウムと鉄珪酸からできた黒く、ごく粒子の細かな岩。アルミニウ

▲クレーターの大きさは数インチのものから、この静かの海にあるもののように何マイルにもわたるものまで、さまざまである。

寒々とした、無愛想な月面は「海」や、おそらく宇宙からの破片の衝突によってできたクレーターに覆われている。

ムとカルシウムと珪酸でできた明るい色の粒子の細かな岩。角礫と呼ばれる、岩と鉱物が固まりあったものである。それらは、地球の岩石と共通する特徴も持っている。しかし一つ、大きな違いがある。地球の岩石は鉱物のなかにいくばくかの水分を持っているが、月の岩石は完全に乾燥している。

これらの岩石の研究は我々に何を語るのだろうか。岩石の示すところによると、それは四六億年前に形成された。それが形成された後、現在の高地は四十億年ほど前に固まった。異なる地域からの岩石を比較することで、溶岩流で海が形成されたのは、その後であったことがわかる。

月の内側に関してはどうだろうか。それは、地球と比べては静かな場所である！　月の地震もわずかながらあるが、宇宙飛行士が月に置いてきた地震計が示すところによれば、月の地震はとても小さく、しかも深いところで起こっている。これは、月が表面から八〇〇――一〇〇〇キロほどの深さまでは冷たく、固いことを意味する。

そこから先はどうなっているのか。そこにはっきりした核があるかどうかはわからないが、月面を通して伝わってくる熱を測定すると、その下には強い熱があることがわかる。月の磁場は非常に弱い事を考えれば、地球の場合のようなニッケル‐鉄の核ではありえないが、それは一五〇〇キロにわたるものであると推測されている。月にはまだ、明かされていない謎があるのだ。

第3章　月の生命

我々は月の人間や月の上の別の文明の存在といった考えをずっと以前に放棄しているが、そこに生命が全く存在しないと考える理由は何だろうか。

それは月の質量があまりに小さく、生命にふさわしい大気を保持できないからだ。

しかし、月の裏側に関してはどうだろう。何年もの間そこには地球外生命の着陸基地があるのではないかといわれてきた。だがこのような考えも、ソビエトの宇宙船が月の裏側の写真をとり、そこは表の部分と同じように不毛な場所だということを示して瓦解してしまった。一九六九年に人類が月に到着してからおよそ四〇トン以上の月の岩石が地球に持ち帰られた。それに関して、誰もが強い関心を持っていたのは何らかの生命の足跡がないか、ということだった。

だが、答えはまたしても否定的だった。アポロ11号の持ち帰ったサンプルだけでも三〇〇〇種類の検査が行われたが炭素や水素の複雑な化合物は全く存在しなかった。存在するわずかな炭素の痕跡も、おそらく流星か太陽風によってもたらされたものだろう。この失望させられるような結果のために、しかし、三回目の月面着陸の後、戻ってくる宇宙飛行士は検疫の義務がなくなった。

こう見てくると、月には生命は存在しないように見える。だが、完全にそうというわけではない。一九六九年アポロ12号の宇宙飛行士はサーベイヤー3号の探査装置から、カメラを持ち帰ってきた。これはその二年半前に自動で、月に着陸していたものだ。科学者は連鎖状菌を発見した。この菌はその期間ずっと生存してきたのだ。昼間の一二〇度Cから月の夜のマイナス一八〇度Cにまで降下する気温にもかかわらず、地上のバクテリアはかなり長い間月で生存できるように見える。どこか古い場所に少し生命がある可能性はあるわけだ。

◀顕微鏡のもとで見る、月の岩石の多彩さをみると、そこに生命がないというのは信じがたい気がする。しかしテストは、このような標本のなかに炭素や水素の複雑な組成の痕跡はないことを示した。

第4章　月への旅

アメリカは、この一〇年の内にも人間を月に送り、そして無事に地球に帰還させることに専念するべきである。

（ケネディ大統領、一九六一）

一九六八年一二月から一九七二年一二月までの間に二四人の人間が月に赴いた。うち二四人が月面に着陸し、その上を歩いたのである。以来、月に行った人間はいない。

最初の月面着陸は一九六九年七月二〇日ヒューストン時間午後三時一八分のことであった。六億人の人々が地上でこの着陸を見守った。これは世界人口のほぼ五分の一に当たる数である。地上での反応はさまざまであった。ニクソン大統領は、「世界創造以来、最も偉大な一週間になった」と宣言した。一方、ベトナム戦争や多くの社会的不正をかんがみたときに、四〇兆ポンドもの出費は法外だと考えて否定的なものもいた。

また人間が月に着陸したこと自体を疑うものもいた。またNASAの外報部もこの疑いを強めることに一役買ってしまったのだった。ミシガンの「月の風景の土地」における飛行士訓練を撮ったフィルムと本物の記録を見分けることはほとんどできないと認めてしまったのだ。多分、人々は幻想が破られるのに耐え難かったのだろう。彼らは、はるか頭上の不可侵の女神という、詩的なイメージを抱き続けたかったのだ。

「我々は、ヒューストンのコントロールセンターから、二四万マイルも離れた月に、三〇〇フィートより大きな巨大なロケットを送ることにしたい。それは、これまでの実験により熱をうけても何度も耐えることができる、かつて発明されたことのない合金でできたロケットだ。そこに初の探査団を乗せて未知の天体に……」。(ケネディ大統領)

物語は一〇〇年前に始まっていた。それはジュール・ヴェルヌが月旅行の夢が現実的なものであることを示したときからだ。その数年後、一八八九年にロシア人コンスタニン・ツィオロコフスキィがそのためには液体燃料ロケットが使えるのではないかと提唱し、以来、冒険と発見の世紀が始まったのである。

「航海を始めるとき、我々は神に祝福を祈りたい。この、人類が企てたなかでももっとも大胆で危険、そして偉大な冒険のために」(ケネディ大統領、一九六二)

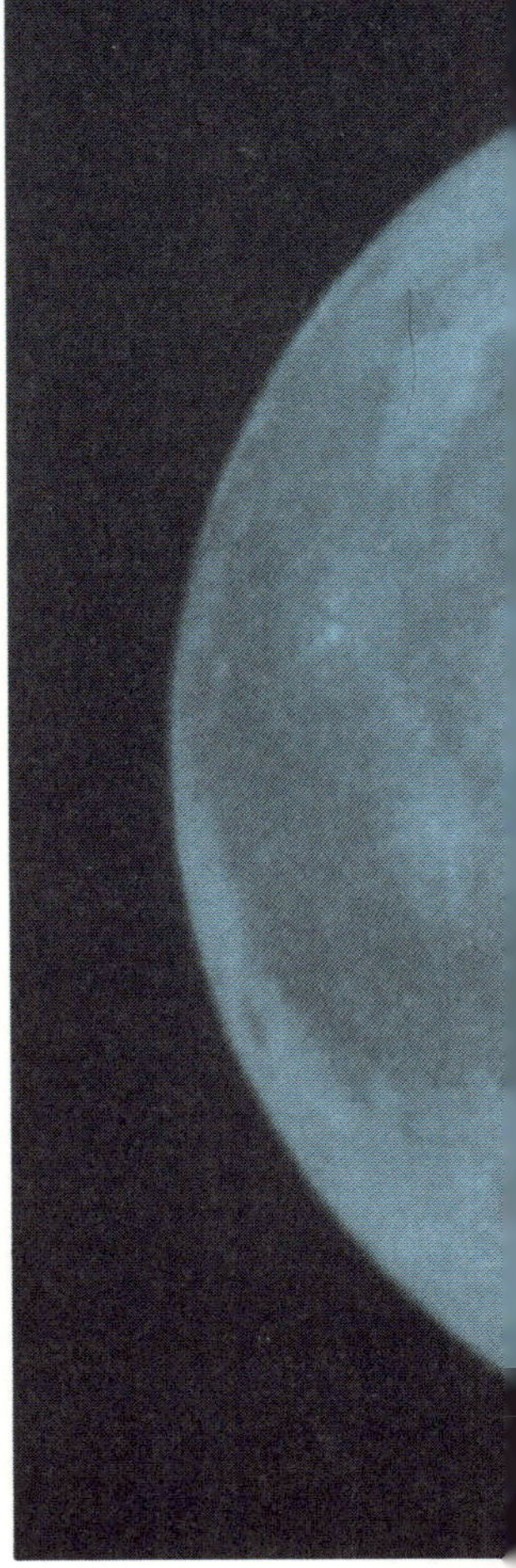

アポロ11号は一九六九年七月一六日に打ち上げられた。勇敢な三人の男たち、ニール・アームストロング、エドウィン・〝バズ〟・オルドリン、マイケル・コリンズを乗せ、一世一代の冒険に向けて、熱狂的な関心とこの惑星で学んだ知識をもって三人は出発した。打ち上げの推進力は非常に大きく、ロケットは未知の天体、月へ向かってまっしぐらに猛スピードで進む。自身の惑星はみるみるうちに小さくなっていった。

我々は技術上の奇跡を目の当たりにしていたわけだが、月に向かう、二日半、二五万マイルの旅は滞りなく行われた。四回にわたる中途での軌道修正が計画されていたが、うち必要とされたのは一度だけであった。

アポロでの生活はそれ自体、ひとつの我慢大会のようなものだった。そこでの食べ物は凍結した粉末のパックからなっていた。それは「メニューを見なければ、何を食べているのかもわからない」とアポロ16号のチャーリー・デュークがいうほどの代物。人体からの排泄物は、さらに状態を悪化させた。袋が使用されたのだが、無重力のなかでは何も袋の底に入っていかない。結果は、しばしば惨事となった！　洗浄もまた非常に困難で、船内の匂いも、食べ物の準備が多くのガスを発生させることもあって、どうしようもないものとなった。オルドリンは、こう報告している。「あまりにひどくなったので、高度調節推進器を閉め、自分たちでやらねばならなかった！」

旅を続けるにつれ、マイク・コリンズのいうように、時間は意味をなさなくなった。「人間は、我々の惑星が我々の目と太陽の間にあるときを夜と、ふつうは考えているのだから、これは昼と思うべきなのだろうが、いくつかある窓の外の光景は、まぎれもなく夜のように見える」。

重力のない状況を、ほとんどの宇宙飛行士は、多幸症的な状況、あるいは自由な感覚だったと報告している。無重力は、微妙に顔の造作を変えるなど、ほかにもいくつかの効果をもたらした。なかでも最も感覚を狂わせられることは、その進行具合を示す指標が全くないということだ。アポロ12号のアラン・ビーンはこう記録している。「何も見えないまま進み、いや、ただ浮遊しながら地球が小さくなっているのを見つめていた後で、突然、月についているのである。指標がないということはなにか魔術的で神秘的なことが起こっているように見せる効果がある」

七月一九日、アポロ11号は月の背後に消えて行った。これは、二度試みられた、危険な月軌道侵入点火のうち、最初のものであった。これは、ブレーキをかけるようなものだ。もし成功しなければ、彼らは月面に激突するか、はるか宇宙にほうり出されていたはずだ。アポロ14号のエド・ミッチェル

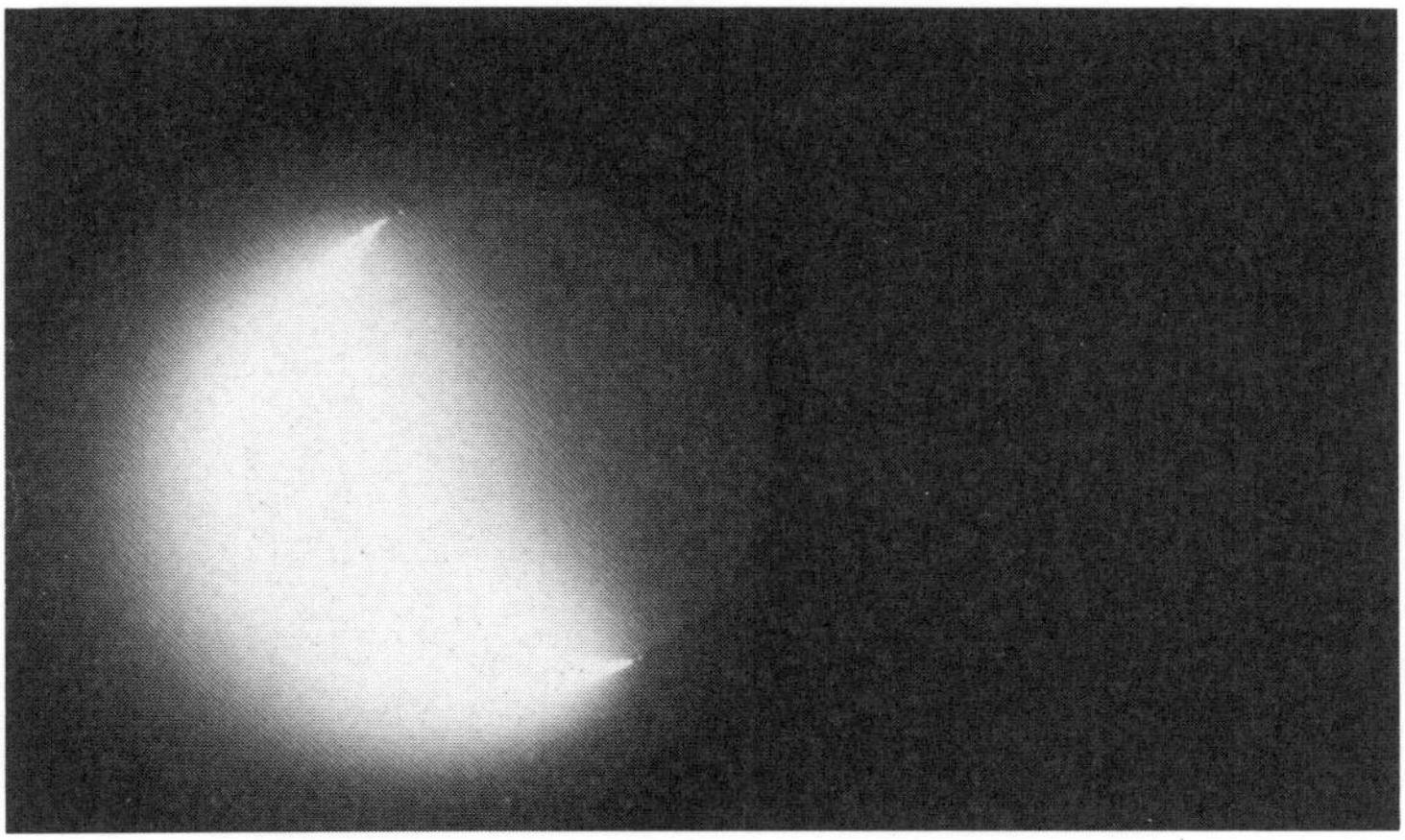

はこう言っている。「旅の全行程のなかで初めて、我々はすべて自力でやらざるを得なくなった。我々は正確に爆発を行い、月の反対側に出なければならなかったのだ」。

ヒューストンでは、いや世界中で、アポロが月の地平線の反対側から現れる最初の瞬間をはらはらしながら待っていた。宇宙船が見えたとき、大きな安堵に包まれた。が、通信がアンテナ・ロックの故障のために回復していなかったためにいくらかの心配は残っていた。

宇宙飛行士は、ここで太陽のまばゆい光に目をくらまされることがなくなり、初めて月の姿をはっきりとみることができるようになった。その光景は圧倒的だった。月は、まるで日食のように太陽のコロナを背景にして逆光になっていた。また、月は我らが惑星からの反射光、地球照によって照らされていた。マイク・コリンズは、その月を奇怪に感じていた。「青白く、亡霊のような、巨大な立体の球。とても、とても大きくて、窓の外で動きもせず、むろん、無音のままあるのだ。不吉の前兆のように見えるものだった」。しかし、ジーン・サーナンのように、それが「何百万年も我々を待っていた」かのように感じた宇宙飛行士もいる。

月の軌道に乗ったのち、乗組員は月面の映像を送り始めた。着陸予定地である静かの海が移され、世界中の視聴者は「ブーツ・ヒル」、「ダイアモンド・ヘッド・リル」「USハイウェイ・ワン」などの月の地名に詳しくなって行った。四度目に月の裏側から出て来たときには、飛行士は壮観な地球の出を見ることができた。マイク・コリンズは、このようにそれを描写している。「(地球は) 岩ばった月の縁から、青いボンネットの先をちらりと見せ、……それから予想もしなかった色と動きで、地平線から上ってきた。それは歓迎すべき光景だった。その理由はこうだ。まず、それ自体、美しいものであるということ。それが、その下のアバタだらけの天体と鋭い対照をなしていたということ。そして、それが我々の故郷であり、我々への呼びかけでもあったということ。」

オルドリンにとって、次の段階は月着陸船に乗り込み、すべてが作動しているか確かめること、そして司令船から小さな着陸機に機材を移すことであった。その中は、わずか公衆電話ボックス二つ分ほどしかなく、立っていることができるばかりだった。今や、彼らはすべての人が待ち望む瞬間に刻々と向かっていた。——しかし、その前に少し眠ることが必要だった。

目が覚めると、アームストロングとオルドリンは月着陸船に乗り換え、最終チェックを行った。着陸船は切り離され、独自の軌道に乗った。ここから彼らはイーグルというコール・サインで呼ばれるようになる。マイク・コリンズが乗船している、残された司令船は一方、コロンビアと呼ばれる。この作業は、月の裏側で行われた。

コリンズが着陸船に何か故障がないかチェックしたのち、ヒューストンから万事順調とのサインが出た。一三回目の月軌道周回が終わった時点で降下エンジンが点火され、宇宙船は速度を落し、月面への降下が始まった。

司令船が再び月の後ろに現れたときコリンズはこのように報告した。「きみたち、よく聞くように。万事、まるで泳ぐように美しく進行中だ」。

さらに二分たつと、イーグルも現れた。その直後、コリンズからまたメッセージが入った。「イーグル号へ、こちらコロンビア。今、PDI（強力降下開始）の許可が出た。」その五分後、イーグルは月上空五万フィート、着地地点から二六〇マイル離れた「ハイゲイト」に到達した。

着陸船は、月に近づくにつれて姿勢を立てなおした。また減速は降下エンジンに点火することで図られた。ここが、飛行のなかでも最も重要で困難な場面であった。世界中の何百万もの人々は身を切られるような緊張のなかでそれを見守った。

イーグルが着地点よりもわずか五マイルのところに来たとき、アームストロングは完全手動操作に切り替えた。玉石がころがるフットボールの跡程度の、浅いクレーターを避けるためである。

だが、このときイーグルがどれほど危険な状態にあるか、地上で気づいていた人は、ほとんどいなかった。

岩ばった場所を迂回したということは、より多くの燃料を消費したことを意味している。オルドリンは一〇秒ほどしか残されていないことに気が付いた。そのことを知らぬ世界中の人々は胸をときめかせて彼らを見守り、耳を傾けていたのである。

「いくぞ、準備はいいか」

「七〇〇フィート、二一で下へ、三三度……。そのまま聞き続けよ。点灯。二と半で降下。前へ、前へ、よし。四〇フィート、二と半分、下へ。塵を少し拾う」ここで、彼の有名な言葉がでた。

「ヒューストンへ、こちら静かの海。イーグルは着陸した」

オルドリンは月面での最初の言葉は、「ライト・コンタクト」だったと後に語っているが、それが何であれ、人間はこうして月に着陸したのであった。

アームストロングは着陸機から降りる前に、新世界の光景をこのように描写している。「半径五から五〇フィートほど、隆起線がおそらく二〇から三〇フィートの高さのクレーターがたくさんあるが、比較的平らな土地。――この部分の表面の色は、軌道上から見たのと、ほぼ同じだといえる――。色はほとんどなく、灰色――それはチョーク・グレイのような白。この辺りにある岩の表面はロケットエンジンによって破損し傷んだようで、表面が明るい灰色になっているが、割ってみると中は、非常に濃い灰色になっている」。着陸の後は、予定では睡眠に当てられていた。しかし、やはり、宇宙飛行士たちは興奮のあまりそれどころではなかった。最初の月面での歩行は、四時間のうちに行われた。その前にオルドリンは聖餐を行った。これは、NASAが一般には知らせようとしなかった事実の一

▲イーグルは着陸した。宇宙の広大さのなかにあっては、最初の月着陸船はかよわく感じられる。

人間が月に向かったとき、彼が見たのは新たな光のなかで見た世界というだけではなかった。

「宇宙旅行は地球を、あらためて見直すことになった。地球が特別だとわかったのだ。我々は地球をかなたから見た。我々は地球を月の距離から見たのだ。」（ジェイムズ・アーウィン大佐・アポロ15号の宇宙飛行士）

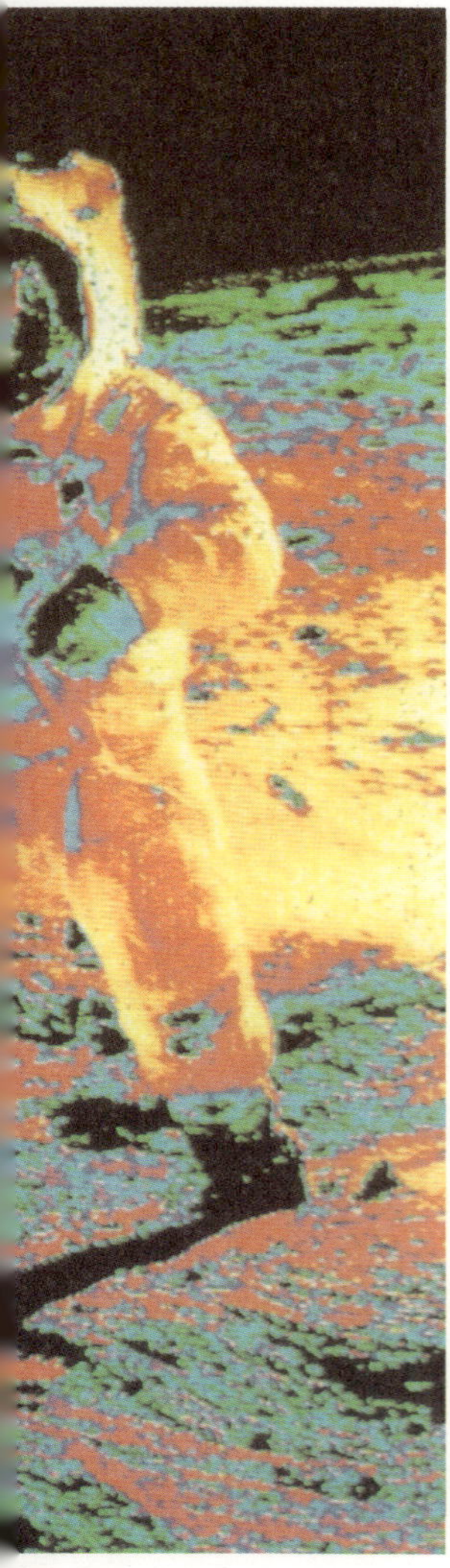

◀月面の人間——バズ・オルドリン。

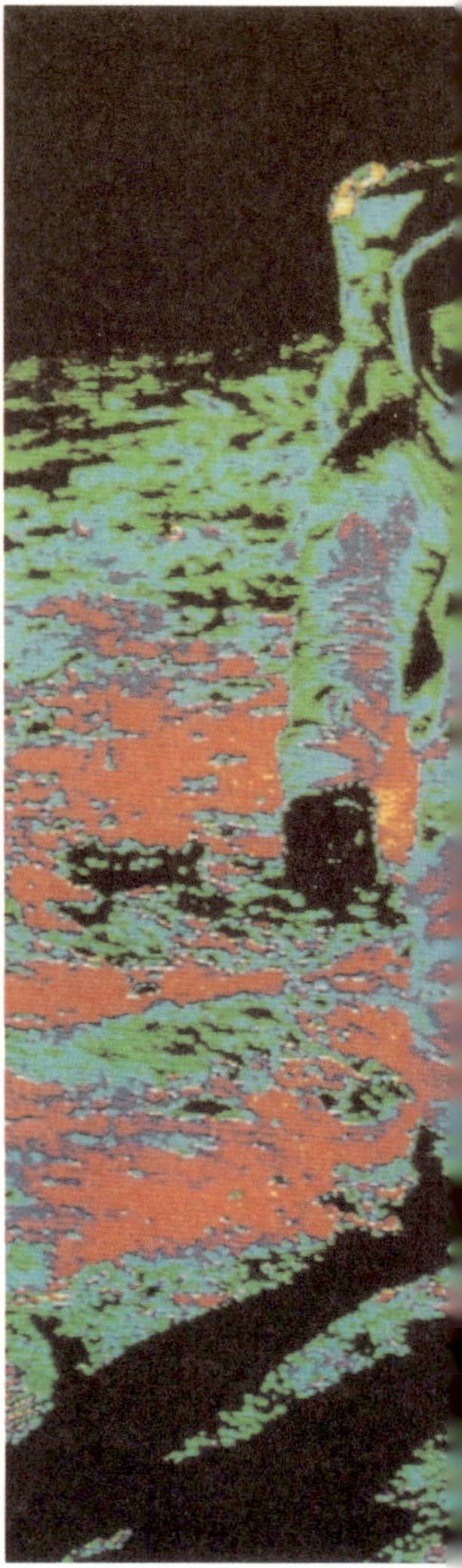

▲「一人の人間にとっての小さな一歩」、ニール・アームストロングは着陸船から月面に、そして人類の歴史へと踏み出した。

つだ。またアームストロングは月面が強く自分を招いているように見えることに気が付いたと言う。——そこは日光浴ができそうなほど暖かそうに見えた！　しかし、水着の変わりに彼らは宇宙服、そして背中に酸素をつめた携帯可能な生命維持装置、冷却装置と無線を身につけたのだった。それから、着陸船は減圧した。

アームストロングは、まるでポーチ（玄関前）に立っているようだと報告した。月着陸船（ＬＭ）の外につけられたテレビカメラは、この歴史的瞬間を地球に送っていた。ゆっくりと梯子を降りるその姿が見えた。

「私は今、梯子のすぐ下にいる」。彼は言った。「ＬＭの脚の跡は、非常に粒子の細かい月面にわずか一、二インチの深さでつけられただけだった」。それから、こう言った。「これは一人の人間にとっては小さな一歩だが、人類にとっては大きな飛躍だ」。

歩みを進めるごとに、彼は描写を続けた。「月面は非常に細かな粉でできているようだ。木炭の粉みたいにブーツの底にくっついてくる——思っていたほど、歩くのは難しくない」。

オルドリンがアームストロングに続いて降りて来たときの、彼のコメントはこのようなものだった。「美しい、美しい……壮麗な静寂の地」。オルドリンも、負けじと月面で彼の「最初の」一歩を踏み出した。「私の腎臓は、それまでも別に強いものでもなかったが、苦痛のメッセージを送って来た。ニールは、月に第一歩を踏み出した最初の人間だったかもしれないが、私は月でズボンに尿を漏らした最初の人間なのだ」。

彼らはサンプルを採集するために前進してゆき、六分の一の重力のなかで動き回った。地球と月の間の距離を測るレーザー反射鏡、隕石の衝撃や月の地震を測定する月震計のパッケージ、太陽から放射される細かい粒子を月の真空中で受ける、アルミニウムの薄い帆を張っての太陽風実験などの実験装置が設置された。オルドリンは月の真空中でも「そよぐ」ように特にしつらえられたアメリカ国旗を設置したが、これは月面に差し込むのは難しいものだった。月に降り立った、最初の人間たちは、このような言葉を刻み付けて来た。「惑星地球からの人間が、ここに初めて降り立った。一九六九年七月。我々は全人類の平和のために来た」

地球に帰還したとき、ニクソン大統領は二人の宇宙飛行士を祝福した。コロンビアに残ったかわいそうなマイク・コリンズは忘れられてしまっていたようだ。彼の仕事はしばしば忘れられがちだが、しかし、それは彼の戦友たちに負けず取らず冒険的なものなのだった。彼はたった一人で月の回りを周回していたのだから。

ヒューストンから、携行している供給物資の不足を懸念して、着陸機への帰還指令が出たのは、アームストロングが二時間と一五分ほど月面で過ごしたときだった。アームストロングとオルドリンはイーグルに戻り、危険な離陸もつつがなく終え、司令船にスムーズにドッキングした。

二人の宇宙飛行士はドッキング・トンネルを伝ってコリンズと再開し、月の石と不要になったフィルムの容器を入れた箱を持ち帰った。そしてイーグルは放棄され、月軌道に残ることになった。月面着陸の跡の、故郷への帰還は気持ちの楽なものとなった。

「あれは、忘れ得ぬ光景のひとつだった」後にアームストロングは語っている。「静かの海にたって、地球を見上げたとき、私は、この小さくてかよわそうな、遠く離れた青い惑星のかけがえのなさを強く感じたのだった」。

地球上四〇万フィートの地点から再突入の操作が始まった。着水予定地点からは、一五〇〇マイル離れた場所であった。サービス・モジュール［燃料タンク、燃料電池などを含む機械装置部］も、飛行士を高さ一二フィート、六トンの小さな指令船に残して放棄された。八日前、ケネディセンターから出発した三六三フィート、三〇〇〇トンの船から残ったもののすべてが、これだったわけである。

モジュールは地球に時速二万四〇〇〇マイルの速度で、耐熱板に守られながら接近してきた。それは、非常な正確さでもって狭い路線に突入しなければならなかった。もしそれが高すぎたなら大気圏外に飛び出してしまい宇宙に消えていってしまっただろう。また低すぎたなら、耐熱板は、乗組員もろとも燃え尽きてしまっていただろう。

二万四〇〇〇フィートの時点で、パラシュートを使ってのさらなる減速が可能なほどに速度が落ちていた。一万フィートの地点で三つのメイン・パラシュートによって着地速度にまで減速された。着水は目標地点より一マイル以内、宇宙船が地球を離れるときに予定された時刻から一〇秒と違わずに成功した。

月面体験後の三人の宇宙飛行士のその後について。ニール・アームストロングはシンシナチ大学のエンジニアリングの教授となった。彼は「ただ大学教授となって研究がしたい」といってメディアを月に足を踏み出した宇宙飛行士がたくさんの実験をした。しかし最大の実験は、別世界への旅行そのものであった。

遠ざけている。バズ・オルドリンは一時的な鬱状態に陥った。マイク・コリンズの言うように、「宇宙飛行士という仕事以上のものはなかなかない」のだ。マイクは『火を運ぶ』(*Carring the Fire*)を著し、このように言っている。「地球は、軸を中心に自転を続けている。私自身、あるいは同僚がなした、その平然とした運動への介入には私はそんなに大きな印象を受けてはいない」。

残りのアポロ探査は、最初のものほどのスリルを伴うものではなかったが、それでも毎回、それぞれが驚くべき成功を遂げた。アポロ12号の着陸は非常に正確に計算されたものであったので、月から探査装置を持ち帰ることもできた。アポロ13号は科学技術的には惨事だったかもしれないが、冒険に乗り出す人間の勇気を目の当たりにさせてくれたミッションでもあった。地上から一七万八〇〇〇マイルあたりの地点で、爆発が起こってサービス・モジュールが使用できなくなったのだ。

着陸計画は放棄され、すべての努力は、三人の宇宙飛行士を地球に無事に帰還させることに向けられた。技術、工夫が奇跡とも言える形でなされ、司令船オデッセイは無事に着水したのである。またアポロ15号は見ごたえのあるミッションであった。初めて月面移動車が用いられ、非常に大きなクレバスである大ハドレイ・リルまで駆動された。一九七二年一二月のアポロ17号は月面に最後の人間たちを送り届けた。船長ユージン・サーナンは月の土壌に最後の一歩を踏み、こうして驚異の時代が終わりを告げたのであった。

月へ到達したいという探求は、「なぜなら、それがそこにあるから」という古くからの言い方以外には理由がつけようがない。あるいは、ニール・アームストロングの言い方を借りれば、こうなるだろうか。「それは人間の深い内なる魂によるものだ。そう、鮭が川を溯るように、我々はこれらのことをする以外にはなかったのだ」。だがその一方でコンピュータ、トランジスタ、カラーテレビ、集積回路、軽量プラスチックの発達など、宇宙探査の副産物は我々の生活に大きな影響も与えているのである。

今のところ、有人月探査の時代はひとつの終焉を迎えたままだ。おそらく、我々はまだその重要性を完全に知るにはあまりに近い時代にいるのだろう。それはちょうどコロンブスの発見の重要性は、彼が生きている内には推し量れなかったのと同じである。

最後に月に行って、そしてその後の人生がすっかり変わってしまった人々の言葉を上げておくことにしよう。これら言葉には、すべて、ひとつ共通していることがある。彼らはすべて、はるかかなたから、我々の星の驚異を見て取ったのである。

「宇宙旅行は我々に地球の価値を新たに認識させてくれた。地球が特別であることを我々は知ったのだ。我々は地球をはるかかなたから、月の距離から見た。我々は地球が我々の知る、ただ一つの故郷であり、それを守らねばならないことを知ったのである」（ジェイムズ・アーウィン、アポロ15号パイロット）

「地球はとても青く、丸く、小さく、デリケートに見えた。すべての人々の家は、害から守られ

ねばならない」（アレクセイ・レオノフ、宇宙で歩いた最初の人間）

「私の帰還後、人々がそこがどのようであったか聞いていてくれることを願っていた。どのようにわたしがきらめく世界の暗さと向き合ったか、私が地球を巡るひとつの星となってどのように感じたかを」（ラインハルド・フューラー、一九八五年シャトル・ミッション）

「ああ、私は無粋な地球の境界から離れ、
喜びの銀の翼をもって宇宙を踊ったのだ。
太陽に向かって上昇してゆき、太陽のちぎれた雲の乱舞に加わって
あなたが夢見たこともない幾百ものことをなした。
そして静かな、舞い上がるような気持ちで
宇宙の高み、未踏の聖域に脚を踏み入れ、
手を伸ばして、神の顔にふれたのだ」(144)

付録

宇宙旅行の年表

一九二四年　ロケット原理についての初めての真剣な研究がヘルマン・オーベルトによって出版された。

一九二六年　アメリカのロバート・H・ゴダードによって小さな液体燃料のロケットが打ち上げられ、二・五秒間、一八四フィートの高さまで飛んだ。

一九二七年　ドイツ宇宙旅行協会がロケット研究のために設立された。

一九四三年　バルト海でドイツのV－2ロケットが打ち上げられ、一二二マイル（一九六キロメートル）飛んだ。

一九四九年　アメリカがフロリダに発射基地としてカナベラル岬、後のケープ・ケネディが建設された。

一九五七年　一〇月四日、最初の人工衛星スプートニク1号がロシアによって打ち上げられた。スプートニク1号は二一日間通信を続け、一九五八年まで軌道に止まった。スプートニク2号は、宇宙に出た最初の哺乳類となった犬のライカを乗船させ、一一月三日に打ち上げられた。宇宙船は一九五八年四月の再突入で破壊されたが、ライカはそのずっと前に死んでいた。アメリカの最初の衛星エクスプローラー1号はカナベラル岬から一月三一日に打ち上げられた。

一九五九年 ロシアのルナ1号が打ち上げられ、月に接近した最初の探査機となった。九月一二日ルナ2号が月に初めて命中した最初の探査機となった。一〇月にはルナ3号が月の裏面の写真を初めて送って来た。

一九六〇年 ルナ1号は月を外れ、最初の太陽の周囲を巡る人工衛星となった。軌道から初めて回収された宇宙物体はアメリカの衛星ディスカバラー13号のカプセルで、太平洋に着水した。ソビエトの犬ベルカとストレルカがスプートニク五号のカプセルから戻ったとき軌道から回収された最初の動物となった。

一九六一年 ヴォストーク1号で、四月一二日に、ソビエトの宇宙飛行士ユーリ・ガガーリンが、地球の周囲を一周して宇宙にでた最初の人間となった。アメリカも続いて五月五日、初のアメリカの宇宙飛行士アラン・シェパードが一一六マイル（一八七キロ）と不完全ながら地球を周回した。二番目のロシアの宇宙飛行士ゲーマン・ティオフは八月六日にヴォストーク2号で二四時間の飛行、一七周した。また一九六一年にはアポロ計画がケネディ大統領によって認められた。

一九六二年　軌道にのった最初のアメリカ人、ジョン・グレンが二月二〇日にフレンドシップ7号で地球を三周した。四月二六日レンジャー4号が月に到達したアメリカ最初の宇宙船となった。ロシアは最初の火星探査船を打ち上げたが、接触を失った。

一九六三年　六月一六日、ソビエトの宇宙飛行士ワレンチナ・テレスコワが最初の女性宇宙飛行士になった。

一九六四年　アメリカのレンジャー7号が七月二八日に、宇宙船として初めて月の高感度テレビ映像を撮った。ソビエトは一〇月一二日、三人の乗組員を乗せてヴォスホート1号を打ち上げた。

一九六五年　最初の宇宙遊泳――アレクセイ・レオノフが三月一八日、ヴォスホート2号から初の「遊泳」をした。また同じく三月には高地地方のテレビ映像を送ってきた。最初の有人でのジェミニ試験飛行が行われた。エド・ホワイトはジェミニ4号から六月三日にアメリカ人として初めて宇宙遊泳をした。そして一二月一六日にジェミニ7号と6号が最初の宇宙ランデブー。

一九六六年　ルナ9号が初めて月に軟着陸した最初の宇宙船となり、一月三一日に、そこからパノラマ写真、近接写真を電送した。三月一六日にニール・アームストロングとデイブ・スコットがジェミニ80号の無人のアジェンダ・ロケットにドッキングし、最初の宇宙でのドッキングとなった。五月三〇日、サーベイヤー1号が最初のアメリカの月面に軟着陸した探査機となった。それは写真をとって地球に電送した。一二月にルナ13号がルナ9

号と似たミッションを遂行したが、さらに月の土壌の堅さをテストした。

一九六七年　初めての宇宙での悲劇が起こった。一月二七日三人の合衆国宇宙飛行士（エド・ホワイト、ガス・グリソム、ロジャー・チャフィー）がアポロ1号の発射台での炎上によって死亡。また四月二四日にソユーズ2号がパラシュート降下に失敗して地球に激突、ソビエトの宇宙飛行士ウラディミール・コマロフが亡くなった。四月一七日にサーベイヤー5号は月を掘った最初の宇宙船になった。九月八日にはサーベイヤー5号は月の海の土壌を分析した最初の船となった。一一月、サーベイヤー6号は同様の作業を行った。

一九六八年　サーベイヤー7号は一月七日、高地地方に初めて軟着陸を行った。無人月探査機、ソビエトのゾンド5号が九月二一日にインド洋上で初めて回収された。一〇月に初めて乗組員を乗せたアポロ・ミッション、アポロ7号が地球の周囲の軌道を試験飛行した。フランク・ボーマン、ジェイムス・ラヴウェル、ウィリアム・アンダースを乗せたアポロ8号が一〇回の周回からなる、初めての有人月飛行をなした。

一九六九年　一月一五日に最初の二つの有人宇宙船のドッキングが行われた。これはソユーズ4号と5号が宇宙遊泳によって宇宙飛行士を交替させたもの。アメリカはアポロ9号で三月に、最初の有人モジュール飛行を行った。五月に三人の宇宙飛行士を乗せたアポロ10号は月面から六マイル以内にまで降下した。七月一六日アポロ11号は静かの海に初めての有人着陸を成功させた。ニール・アームストロングは月を歩いた最初の人間となり、続いてエドウィン・バズ・オルドリンが続いた。一方マイケル・コリンズは軌道を周回する司令船に残っていた。月探査船イーグルは月から七月二一日に飛び立ち、司令船コロンビアにドッキングした。七月二四日には太平洋上に着水も成功し、その後二一日間宇宙飛行士は隔離された。ソビエトの宇宙飛行士ヴァレリイ・カバソフはソユーズ6号で、宇宙で初の金属の溶接を行った。一一月一四日アポロ12号は、今度は嵐の大洋に二回目の着陸をし、宇宙飛行士チャールズ・コンラッド、アラン・ビーン、リチャード・ゴードンが月面歩行を行った。

一九七〇年 九月、ルナ16号が初めて無人船として月の石を地球に持ち帰った。二ヵ月後ルナ17号が雨の海に着陸し、初めて無人の月面車ルノホード1号を用いた初めての宇宙船となった。この八輪の車は地上から、三秒の遅れでもって遠隔操作された。

一九七一年 二月にアポロ14号は宇宙飛行士アラン・シェパード、スチュアート・ルーサー、エドガー・ミッチェルによって三度目の有人月面着陸を行った。これは初めての高地、フラ・マウロ高地への着陸だった。七月にアポロ15号は、ハドレイ・リルに初めての有人着陸を行い、月面車を使用した。それらはまた、月着陸船の離脱の、初めての中継映像でもあり、また月面での最長の探査（一八時間）でもあった。ソユーズ11号の乗組員は再突入のとき船体が気圧を保ち損なったために死亡した。

一九七二年 一月に無人のルナ二〇号が高地から土壌の標本を採集した。四月にアポロ16号がデカルト高原で五度目の有人月着陸を行った。宇宙飛行士チャールズ・デュークとジョン・ヤングが二〇時間一四分探査を行い、トマス・マッティングリィがこのミッションの間に一時間二三分の宇宙遊泳を行った。アポロ17号は、宇宙飛行士ユージン・サーナン、ロナルド・エヴァンズ、ハリソン・シュミットを乗せ、一二月に六度目の、そしてアポロ最後の月面着陸を行った。これは晴れの海に着陸し、七五時間止まり、二四三ポンド(一一〇キログラム)の標本を高地と近隣の谷から採集した。

一九七三年　ルナ21号、無人船が一月にル・モニエに着陸した。

一九七五年　最初のソビエト-アメリカの共同宇宙探査が行われた。このときソユーズ19号とアポロ18号が地球を巡る軌道で七月にドッキングした。

一九七六年　八月に月面、危難の海にソビエトの宇宙船ルナ24号が軟着陸した。

謝辞

この本は、たくさんのかたがたの愛と助力なくしては生まれませんでした。次の方々に感謝いたします。

私を支えてくれた私の家族、とくに大事にしている名前をくれた両親に。

チェタン、彼の愛に。

迷宮にいるすべての人、その信仰と励ましのために。

満月の主人、オショーに。彼の指は私に月を指し示してくれた。

訳者あとがき

本書は *Diana Brueton MANY MOONS : The Myth and Magic, Fact and Fantasy of our Nearest Heavenly Body*, Labyrinth Publishing（UK）Ltd. 1991 の全訳である。

タイトルからもすぐにわかるように、本書は月にまつわる神話や伝説に始まり、SF、さらにはオカルト、そして巨石文化に関する月の天文考古学や最新の宇宙探査の結果にいたるまで、まさに「月」にまつわるあらゆる魅力的な情報をコレクションしたものとなっている。英語圏では類書はいくつか出ているが、これだけ豊富な図版と広範囲にわたる資料を詰め込んだものはちょっと見当たらないのではないか。パラパラと眺めているだけでもいつまでも飽きさせない実に魅力的なテーブルブックになっている。また実際に月へと赴いたジェイムズ・アーウィンの手になる序文がついていることも、単なる文学趣味を越えて、よりリアルなものとして感じさせる楽しい仕掛けだと言えるだろう。分厚い本ではあるが、肩肘はって取り組むことはない。どこから読み始めてもいいし、どこでやめてもいい。気楽に、月にまつわる不思議でロマンティックな気分を味わっていただければとてもうれしいと思う。

著者ダイアナ・ブルートンの経歴などについては、不勉強にして知らない。ただ、その姿勢は終始一貫している。それは現代を覆っている薄っぺらな「合理主義」(これは本物の科学精神とは別ものだ)が人間のイマジネーションを脅かしているこの時代に「月」を通して再び豊かでたおやかなロマンを回復させようとする真摯さだといえよう。その姿勢があるからこそ、これだけ多様でカラフルな「月の雑学」を集めて来ても本書には不思議に一本筋が通っているように感じられるのだろう。

僕自身、月に全く抗しがたい魅力を感じている「ルナティクス」の一人だ。翻訳は思ったより時間がかかってしまったが、作業はとても楽しく進めさせていただいた。もちろん、未熟な者ゆえ、思わぬ間違いや舌足らずな訳文になっている部分もあるのではと思う。お気づきの点はご指摘・ご叱責いただければ幸いである。

なお、最後にお礼の言葉を述べたい。まず僕のわがままを快く受け入れ、本書の日本語版出版を快諾していただいた清水康雄社長に。そして面倒な編集の労をとってくださった中島郁さん（中島さんは本書製作の作業の途中でお母様となられた。何という月の愉しき悪戯！）、中島さんの後を継いで本書を立派な本にまとめてくださった田中順子さん。そしてそのほかにもお世話になったかたがたと、何よりもこの本を手にとってくださった読者の皆さん。本当にありがとうございました。

今夜も月がきれいです。みなさんに月の祝福がありますように。

鏡リュウジ

一九九六年　秋

新装版　訳者あとがき

人類が最初に時間のめぐりという概念を見出したのは、月の満ち欠けに触発されてであったという人たちがいる。

測るという意味の measure や、ときには知性の mind すら、Moon という言葉と語源的なつながりがあると知れば、あるいは数万年前の旧石器時代の骨に月の満ち欠けを刻んだ形跡があると知れば、そんな説にも説得力を感じてしまう。

人類にもっとも近い天体、月。その月に人類は文字通り「足跡」を、宇宙科学の粋を使って残すことになったわけで、それからもそうとうの年月（また「月」だ！）がたったわけであるが、それでもなお、僕たちの心の深いところでは、最初の人類が月を見上げ、そのサイクルに気づいたときにあげたに違いない感嘆の声が、今なお響いているのである。二一世紀に生きる僕たちが、改めて「陰暦」のカレンダーに魅かれたり、月を愛でることがあるのは、そのささやかな証拠ではないだろうか。

そして、本書がまた、新装版というかたちで市場に戻ってきたということも、そんな魂の奥でこだまし続ける人々の月への憧憬の声への一つの応答ではないかと思うのだ。

本書は、原書が一九九一年に出ている。ぼくが翻訳をさせていただいて、青土社から日本語版が出たのは、一九九六年であるから、すでに二〇年近く前のことになる。まだインターネットも普及する前の話である。

ロンドンの書店で、この月にまつわるテーブルブックを見つけたときの興奮を今でも覚えている。古代の伝承から現代科学までを美しい図版を駆使しながら紹介したこの本に魅了されたぼくは、帰国後さっそく、青土社の担当の方に相談し、ご快諾を得て版権を獲得していただいたのであった。

おかげさまでこの本の魅力は多くの読者にも共感していただいたようで、版を何度も重ねた。安価とは言えない本としては成功であろう。そして、こうして再び新装版としてこの本を送り出せることは訳者としてはこの上ない喜びである。

もちろん、二〇年以上も前の本なので科学的な知見としては情報が古い面もある。とくに月の起源に関しては、現在では原初の地球に小惑星が激突し、衝撃で引きちぎられた地球の破片が再び集合して月になったという「ジャイアント・インパクト説」が最有力視されているが、残念ながら本書では紹介されていない。しかし、全体としては本書に収録された多くの逸話の鮮度は落ちていないし、なにより実際に月に行った人物の肉声が聞けることは貴重であろう。

月は再生を繰り返す。月そのもののように「再生」して新装版になった本書を感謝とともにあなたと分かち合いたいと思う。

二〇一四年　春　　　　　　　　　　　　　　　鏡リュウジ

MANY MOONS
The Myth and Magic, Fact and Fantasy of Our Heavenly Body

月世界大全
太古の神話から現代の宇宙科学まで
［新装版］
2014年 4 月15日　第 1 刷印刷
2014年 4 月30日　第 1 刷発行

著者――ダイアナ・ブルートン
訳者――鏡リュウジ
発行者――清水一人
発行所――青土社

東京都千代田区神田神保町 1-29　市瀬ビル　郵便番号 101-0051
電話 03-3291-9831（編集）3294-7829（営業）
郵便振替00190-7-192955

本文印刷――ディグ
扉・表紙・カバー印刷／製本――クリード

装丁――岡孝治
coverphoto: © hiro23 - Fotolia.com ／© ODO

ISBN978-4-7917-6783-0　　Printed in Japan

索引

か行

さ行

た行

な行

ま行

や行

ら行

わ行

参考文献

(1) John Milton, *Paradise Lost*, describing Galileo looking at the Moon〔ジョン・ミルトン『失楽園』平井正穂訳　岩波文庫　1981〕

(2) ed. F. K. Pizor and T. A. Comp, *The Man in the Moon*, Sidgwick and Jackson, London, 1971, p. 127)

(3) In Verne's *Round the Moon* of 1876

(4) In *From the Earth to the Moon*

(5) H. G. Wells' *The First Men in the Moon* (1901)

(6) B. Branston, *Gods of the North*, Thames and Hudson, London and New York, 1955

(7) Pecock, *The Repressor of Over Much Blaming of the Clergy*, c. 1449

(8) Hall, c. 1595

(9) Charles Leslie, *Anthropology of Folk Religion*, Vintage, New York, 1969

(10) Jane C. Goodale, *Tiwi Wives*, University of Washington Press, 1971

(11) D. Amaury Talbot, *Woman's Mysteries of a Primitive People*, Frank Cass, London, 1968

(12) Wilhelm Dupre, *Religion in Primitive Cultures*, Hungary, 1971

(13) Erich Neumann, *The Great Mother*, Princeton University Press, New York, 1963〔エーリッヒ・ノイマン『グレート・マザー』福島章他訳　ナツメ社　1982〕

(14) M. Eliade, *The Myth of the Eternal Return*, Princeton University Press, 1974〔M・エリアーデ『永遠回帰の神話』堀一郎訳　未來社　1963〕

(15) B. Branston, *Gods of the North*, Thames and Hudson, London and New York, 1955

(16) A. Holmberg, *Nomads of the Long Bow*, Natural History Press, New York, 1969

(17) Asen Balikci, *The Netsilik Eskimo*, Natural History Press, New York, 1970

(18) Claude Lévi-Strauss, *The Naked Man*, Jonathan Cape, London, 1981

(19) Wilhelm Dupre, *Religion in Primitive Cultures*, Hungary, 1971

(20) R. H. Lowie, *The Crow Indians*, Holt, Rinehart and Winston, New York, 1956
(21) H. Butcher, *Spirits and Power*, Oxford University Press, Cape Town, 1980
(22) J. Middleton (ed.), *Gods and Rituals*, Natural History Press, New York, 1967
(23) Claude Lévi-Strauss, *The Naked Man*, Jonathan Cape, London, 1981
(24) M. Eliade, *The Myth of the Eternal Return*, Princeton University Press, 1974〔邦訳 (14) 参照〕
(25) H. C. King, *The World of the Moon*, Barrie and Rockliff, London, 1960
(26) Ben Jonson, *Cynthia's Revels*, c. 1601
(27) I. Silverblatt, *Moon, Sun and Witches*, Princeton University Press, USA, 1987
(28) A. Bancroft, *Origins of the Sacred*
(29) J. W. Slaughter, quoted in P. Katzeff, *Moon Madness*, Citadel, USA, 1981
(30) Shakespeare, *The Merchant of Venice*, V, i〔W・シェイクスピア『ヴェニスの商人』福田恆存訳　新潮文庫　1993〕
(31) John Kears, *Endymion*〔キーツ『キーツ全詩集1・2・3』出口保夫訳　白凰社　1974〕
(32) Robert Graves, *Greek Myths and Legends*, Cassell, London, 1960
(33) Charles Leland, *The Children of Diana, or How the Fairies Were Born*
(34) Christopher Fry
(35) Sylvia Plath, *Childless Woman*
(36) Lyall Watson, *Supernature*〔L・ワトソン『スーパーネイチュア』牧野賢治訳　蒼樹書房　1974,『スーパーネイチャーII』内田美恵・中野恵津子訳　日本教文社　1988〕
(37) John Pope, *The Rape of the Lock*
(38) Zen Master Dogen, *Moon in a Dewdrop*, Element Books, California, 1985
(39) Zen Master Dogen, *Direct Mind, Seeing the Moon,* 16*th Night*
(40) Zen Master Dogen, *On a Portrait of Myself*
(41) Osho, *No Water, No Moon*
(42) Osho, *Zen : The Path of Paradox*, Vol. 3
(43) P. D. Ouspensky, *The Fourth Way*, Routledge and Kegan Paul, London, 1957
(44) *Ibid.*

(45)　Shakespeare, *Love's Labour's Lost*〔シェイクスピア全集 9「恋の骨折り損」小田島雄志訳　白水社　1983〕
(46)　Walter Scott, *Rob Roy*
(47)　Wilkins, *New World*, 1638
(48)　Shakespeare, *Macbeth*〔シェイクスピア全集29「マクベス」小田島雄志訳　白水社　1983〕
(49)　Shakespeare, *Henry IV*, Part 1〔シェイクスピア全集15「ヘンリー四世 1」小田島雄志訳　白水社　1983〕
(50)　Keats, *Endymion*〔邦訳（13）参照〕
(51)　D. Valiente, *An ABC of Witchcraft*, Robert Hale, London, 1973
(52)　*Ibid.*
(53)　J. G. Frazer, *The Goden Bough*, Macmillan, London, 1922〔フレーザー『図説　金枝篇』内田昭一郎・吉岡昌子訳　東京書籍　1994〕
(54)　Margot Adler, *Drawing Down the Moon*, Beacon Press, Boston, 1979
(55)　*Aradia, or the Gospel of the Witches*
(56)　*Ibid.*
(57)　Scott Cunningham, *Earth Power,* Llewellyn Publications, 1986
(58)　Scott Cunningham, *Magical Herbalism*, Llewellyn Publications, Minnesota, 1982
(59)　Joseph Campbell, *The Masks of God*, Vol. 4 *Creative Mythology*, Secker and Warburg, UK, 1968〔J・キャンベル『神の仮面』上・下　山室静訳　青土社　1992〕
(60)　Shakespeare, *Othello*〔シェイクスピア全集27「オセロー」小田島雄志訳　白水社　1983〕
(61)　Walton Brooks McDaniel, quoted in P. Katzeff, *Moon Madness*, Citadel, USA, 1981
(62)　*Ibid.*
(63)　Ben Jonson, *Devil's an Ass*
(64)　John Dryden, *Amphitryon*
(65)　H. J. Eysenck and D. K. B. Nias, *Astorology*, Penguin Books, London, 1985〔アイゼンク『占星術　化学か迷信か』岩脇三良／浅川潔訳　誠信書房　1986〕
(66)　Lyall Watson, *Supernature*〔邦訳（36）参照〕
(67)　D. Valiente, *Witchcraft for Tomorrow*, Robert Hale, London, 1985
(68)　A. Puharich, *Beyond Telepathy*, Darton, Longman and Todd, London 1962

(69) Wordsworth, "To the Moon"
(70) Sir Thomas More, *Utopia*〔T・モア『ユートピア』平井正穂訳　岩波文庫 1957〕
(71) Keith Thomas, *Religion and the Decline of Magic*, Weidenfeld & Nicolson, London, 1971〔キース・トマス『宗教と魔術の衰退』荒木正純訳　法政大学出版局　1993〕
(72) A. Bancroft, *Origins of the Sacred*
(73) A. L. Basham, *The Wonder that was India*, Sidgwick and Jackson, London, 1979
(74) A. I. Berglund, *Zulu Thought-Patterns and Symbolism*, Indiana University Press, USA, 1976
(75) E. E. Evans-Pritchard, *Nuer Religion*, Oxford University Press, New York and Oxford, 1956
(76) R. F. Fortune, *Sorcerers of Dobu*, Routledge and Kegan Paul, London 1969
(77) Claude Lévi-Strauss, *The Origins of Table Manners*, Jonathan Cape, London 1978
(78) *Kodansha Encyclopedia of Japan*, Japan, 1983
(79) Lévi-Strauss, *The Origins of Table Manners*
(80) I. Karp and C. J. Bird (eds.), *Explorations in African Systems of Thought*, Indiana University Press, USA, 1980
(81) D. Zahan, *The Religion, Spirituality and Thought of Traditional Africa*, Unversity of Chicago Press, Chicago and London, 1970
(82) Wayland D. Hand, *Magical Medicine*, University of California Press, USA, 1980
(83) Aubrey Burl, *Rings of Stone*, Frances Lincoln, London, 1979
(84) Anne Bancroft, *Origins of the Sacred*, Arkana, London, 1987
(85) R. Castleden, *The Stonehenge People*, Routledge and Kegan Paul, London and New York, 1987
(86) M. Brennan, *The Stars and the Stones*, Thames and Hudson, London, 1983
(87) J. and C. Bord, *The Secret Country*, Paladin, 1978
(88) P. Devereux and I. Thomson, *The Ley Hunter's Companion*, Thames and Hudson, London, 1979
(89) Mark Twain, *Pudd'nhead Wilson's Calendar*

(90) Robert A. Millikan, Nobel Prize Winner, 1924

(91) Fred Gettings, *Visions of the Occult*, Rider, London, 1987〔ゲティングス『オカルトの図像学』阿部秀典訳 青土社 1994〕

(92) H. Blavatsky, *Isis Unveiled*, 1877

(93) Joni Mitchell, *Little Green*

(94) Lesley Gordon, *The Mystery and Magic of Trees and Flowers*, Webb and Bower, Exeter, 1985

(95) *Llewellyn's Moon Sign Book*, Llewellyn Publications, USA, 1988

(96) E. Maple, *The Secret Lore of Plants and Gardens*, Robert Hale, London, 1980

(97) *Llewellyn's Moon Sign Book*

(98) Dyer, *English Folk-Lore*, 1878

(99) L. Watson, *Supernature*〔邦訳 (36) 参照〕

(100) Anon. *Patrick Spence*, c. 1550

(101) Philip Sydney, *Astrophel and Stella*, 1591

(102) Shakespeare, *Julius Caesar*〔シェイクスピア全集20「ジュリアス・シーザー」小田島雄志訳 白水社 1983〕

(103) Thomas Heywood, *A Woman Killed with Kindness*, 1607

(104) Laurens van der Post, *A Walk with a White Bushman*, Chatto & Windus, London, 1986.

(105) *Ibid.*

(106) Tomlinson, *Arago's Astron*, 1854

(107) Keats, *Epistle to My Brother George*〔邦訳 (31) 参照〕

(108) Emerson, *History*, 1841

(109) *The Rubaiyat of Omar Khayyam*〔オマル・ハイヤーム『ルバイヤート』小川亮作訳 岩波文庫 1979〕

(110) Walt Whitman, *Dirge for Two Veterans*

(111) Shakespeare, *The Merchant of Venice*〔邦訳 (30) 参照〕

(112) *Ibid.*

(113) Longfellow, *The Golden Legend*

(114) Shakespeare, *Romeo and Juliet*〔シェイクスピア全集10「ロミオとジュリエット」小田島雄志訳 白水社 1983〕

(115) *Ibid.*

(116) Shakespeare : *A Midsummer Night's Dream*〔「シェイクスピア全集12「夏の夜の夢」小田島雄志訳 白水社 1983〕

(117) Milton, *Paradise Lost*〔邦訳（1）参照〕
(118) *Ibid.*
(119) William Allingham, "The Fairies", from *The Music Master*
(120) Tennyson, *St Agnes'Eve*
(121) Tennyson, *The Princess*
(122) Wordsworth, *Christmas Minstrelsy*
(123) Sylvia Plath *The Moon and the Yew Tree*
(124) Keats, *Ode to a Nightingale*
(125) Christina Rossetti, *Is the Moon Tired*
(126) Yeats, *The Crazed Moon*
(127) Byron, *We'll Go No More A-Roving*
(128) Coleridge, *The Ancient Mariner*
(129) *Ibid.*
(130) Stefano Guazzo, *Civile Conversation,* 1574
(131) Keats, *Endymion*
(132) Lord Houghton, *The Moon*
(133) Walter de la Mare, *Silver*
(134) Walter de la Mare, *The Listeners*
(135) *The Private Journal of Henri Frederic Amiel*
(136) *The Diary of Alice James*
(137) "The Galoshes of Fortune", *Hans Andersen's Fairy Tales,* Black Ltd., London, 1912
(138) Osho, *The Path of the Mystic*, Rebel Press, Germany
(139) Erasmus, *Adagia*, 1508
(140) R. Breuer and W. Freeman, *Contact with the Stars*, Oxford 1978
(141) Shakespeare, *Timon of Athens*〔シェイクスピア全集32「アテネのタイモン」小田島雄志訳　白水社　1983〕
(142) A. Service and J. Bradbury, *Megaliths and their Mysteries*, Weidenfeld & Nicolson, London, 1979
(143) Lyall Watson, *Supernature*, Hodder and Stoughton, London, 1974〔邦訳（36）参照〕
(144) John Gillespie Magee, Jr. *High Flight*. Magee was shot down in the Battle of Britain